高等学校"十三五"规划教材

流体力学实验

谭献忠　吕续舰　编著

东南大学出版社

·南京·

内容提要

本书是南京理工大学"十三五"规划教材,是武器类、机械类、能源与动力类、工程力学类各专业工程流体力学和空气动力学课程配套的实验指导书,主要内容有雷诺实验等流体力学基础性实验项目8项,低速翼型绕流压力分布实验等综合设计性实验7项,彩色纹影流动显示与刀口设计制作实验等研究创新性实验项目7项。各专业教师可根据课程的教学基本要求及学时情况选用实验项目。

本书在演示性、验证性基础流体力学实验基础上增加了部分综合设计性和自主设计创新性实验内容,既能满足武器类专业实践教学需要,也可供其他专业学生开展开放性实验和科研训练活动,以及供学习导弹空气动力学、实验力学等课程的本科生、研究生选用。

图书在版编目(CIP)数据

流体力学实验 / 谭献忠,吕续舰编著. —南京 :
东南大学出版社,2021.4
　　ISBN　978 - 7 - 5641 - 9481 - 9

　　Ⅰ. 流… Ⅱ. ①谭… ②吕… Ⅲ. ①流体力学-实验-高等学校-教材　Ⅳ. ①O35-33

中国版本图书馆 CIP 数据核字(2021)第 054539 号

流体力学实验　Liuti Lixue Shiyan

编　著	谭献忠　吕续舰
出版发行	东南大学出版社
社　址	南京市四牌楼 2 号(邮编:210096)
出 版 人	江建中
责任编辑	吉雄飞(联系电话:025 - 83793169)
经　销	全国各地新华书店
印　刷	常州市武进第三印刷有限公司
开　本	787 mm×1092 mm　1/16
印　张	6
字　数	150 千字
版　次	2021 年 4 月第 1 版
印　次	2021 年 4 月第 1 次印刷
书　号	ISBN　978 - 7 - 5641 - 9481 - 9
定　价	12.00 元

本社图书若有印装质量问题,请直接与营销部联系,电话:025 - 83791830。

前　言

流体力学是高等工科院校机械类、能源与动力类、环境类、武器类、工程力学类各专业的主要技术基础课程,流体力学实验是其教学中必不可少的重要环节。流体力学实验教学的目的在于:加强学生对流动现象的感性认识,验证流体力学原理,提高理论分析的能力;培养学生的基本实验技能,学会测量流动参数和使用基本仪器,了解流体力学现代量测技术;培养学生严谨踏实的科学精神和创新意识。

国内流体力学的实验教材以高等院校的水利、土木、环境、海洋、化工等理工科专业学生为培养对象,主要以验证性、演示性等不可压缩流体基础性实验为主。本教材除保留流体力学基本方程验证、流体基本物理量测量等基础性实验内容以外,针对南京理工大学武器类专业学生培养的需要,增加了可压缩流体空气动力学理论知识的相关实验内容;针对学生动手能力和创新能力培养的需要,增加了设计性和创新性的相关实验内容,如制导弹箭气动布局设计与气动特性分析实验、彩色纹影流动显示与刀口设计制作实验等(这些实验项目在公开出版的实验教材中均未出现过)。本教材可满足南京理工大学各专业流体力学实验教学的基本要求以及研究创新型人才培养目标的需要。

本书是在编者所编著的《流体力学实验指导书》的基础上对部分实验项目进行修订而成,并将原书名变更为《流体力学实验》。新书中删除了部分演示性实验,新编了 3 个研究创新性实验项目,以更好地满足南京理工大学国家特色专业和省品牌专业的要求,实现高层次创新型人才培养目标。本书作为工程流体力学、空气动力学课程配套的实验指导书,可供机械类、能源与动力类、武器类、工程力学类各专业本科生、研究生使用,各专业教师可根据课程的教学基本要求及学时情况选用实验项目。同时,所有实验项目均面向全校学生开放。

本书共分 23 章,第 1 章是绪论;第 2～9 章是基础性实验,流体介质是水;第 10～16 章是综合设计性实验,共有 7 个空气动力学实验项目;第 17～23 章是研究创新性实验,共有 7 个创新性实验项目。每个实验项目一般包括实验目的、实验装置、实验原理、实验方法与步骤、实验数据处理、实验分析与讨论等。同时,本书特别针对实验过程中容易出现的不当操作或影响实验数据准确性及相关问题给出了操作要领与注意事项。书中部分创新性实验只给出了项目概述与设计要求,学生可自主设计。

本书以南京理工大学空气动力学实验室现有实验设备和条件为依托,参考了浙江大学水利实验室毛根海教授主编的《工程流体力学实验指导书与报告》及其他相关文献资料。其中,第20章和第21章由吕续舰编写,其余章节由谭献忠编写,全书由谭献忠整理统稿。修订过程中,南京理工大学空气动力学实验室陈少松研究员、王学德副教授参与了部分实验项目的审阅工作,新增实验插图由邵山老师绘制,在此编者表示衷心的感谢。

由于编者水平有限,书中错误和不足之处在所难免,恳请广大读者批评指正。

编　者

2021 年 2 月

目　录

第三部分 研究创新性实验

1 绪论

1.1 流体力学实验目的和要求

流体力学是一门研究流体的平衡和运动规律以及流体与固体边界的相互作用的科学。许多流体力学问题即使能够用理论分析和数值计算方法求解,实验研究仍是检验和深化研究成果的重要手段。因此,实验教学在流体力学课程中占有相当重要的地位,是学习理论知识、探索流体运动规律的重要教学环节。

流体力学实验的目的有如下几点:

(1) 通过实验观察流动现象,增强感性认识,有助于巩固理论知识和提高分析能力;

(2) 通过实验验证流体力学基本原理,并根据流动现象分析、巩固所学理论知识;

(3) 了解风洞等流体力学实验设备工作原理和现代流动量测技术,掌握流动参数测量方法,学会使用流体力学基本量测仪器,具备一定的实验技能;

(4) 培养学生的实践能力和创新意识,激发学生学习流体力学的兴趣。

流体力学实验的要求有如下几点:

(1) 实验前预习,了解实验目的、实验原理、实验设备、实验步骤等;

(2) 认真听取指导老师讲解,明确实验目的、实验内容;

(3) 实验前对照实验设备进一步了解其工作原理和操作要领,明确实验步骤后再进行实际操作;

(4) 同组同学应分工明确、相互配合,小心操作,仔细观察流动现象并分析讨论;

(5) 实验过程中应严格按设备操作规程进行操作,避免损坏设备;

(6) 认真处理和分析实验数据,回答思考题,提交实验报告。

1.2 流体力学实验内容

本书是根据武器类、能源与动力类、机械类等专业人才培养目标而编写的,在充实基本实验技能训练内容的基础上,突出了综合设计性及研究创新性实验内容。实验内容包括伯努利方程验证实验、雷诺实验、皮托管测速实验、文丘里流量计实验、圆管内沿程水头损失实验、局部水头损失实验、空化机理实验、紊动机理实验、低速翼型绕流压力分布实验、风向风速测量与设计实验、风力机叶片气动载荷测量实验、风洞实验原理与气流参数测量实验、超音速弹丸测力实验、超音速流场显示技术与参数测试实验(超音速弹丸激波实验)、风洞天平静校实验、制导弹箭气动布局设计与气动特性分析实验、彩色纹影流动显示与刀口设计制作实验、风洞模型设计与制作实验、流场速度和湍流度测量实验、粒子图像测速与流动显示实验、风洞天平校正系统设计实验、飞行器气动设计实验。

1.3 流体力学实验基本设备、仪器与流动参数测量

流体力学实验设备种类较多,研究液体的流动现象时常用的设备有水洞、水槽、水池等,研究低速气流的设备中最常见的是低速风洞(低速风洞中压缩性影响忽略不计),研究高速气流的设备主要有亚音速风洞、跨音速风洞、超音速风洞、高超音速风洞等。

流体力学实验仪器主要有皮托管、文丘里流量计、压力风量仪、压力风速仪、多功能风向风速表、气动力天平、激光测速仪、热线风速仪、粒子图像测速仪、压力扫描阀、五孔探针、七孔探针等。

流动参数主要有压强、流速、流量等。

第一部分

基础性实验

2 伯努利方程验证实验

2.1 实验目的

(1)掌握用测压管测量流体静压强的技能；

(2)验证不可压缩流体静力学基本方程,并通过对诸多流体静力学现象的实验分析,进一步加深对基本概念的理解,提高解决静力学实际问题的能力；

(3)掌握流速、流量等动水力学水力要素的实验测量技能。

2.2 实验装置

伯努利方程验证实验装置如图2.1所示。

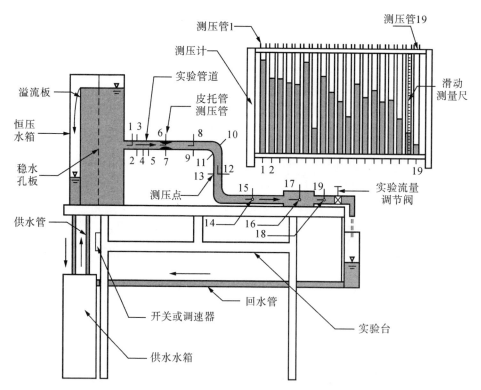

图2.1 伯努利方程验证实验装置图

说明:本实验装置由供水水箱及恒压水箱、实验管道(共有3种不同内径的管道)、测压计、实验台等组成,流体在管道内流动时通过分布在实验管道各处的 7 根皮托管测压管测量总水头或 12 根普通测压管测量测压管水头。其中,测点 1,6,8,12,14,16 和 18 均为皮托管测压管(示意图见图 2.2),用于测量皮托管探头对准点的总水头 $H'\left(=z+\dfrac{p}{\gamma}+\dfrac{v^2}{2g}\right)$;其余为普通测压管(示意图见图 2.3),用于测量测压管水头。

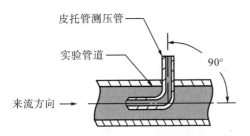

图 2.2　安装在管道中的皮托管测压管示意图

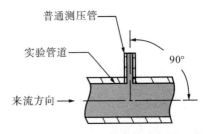

图 2.3　安装在管道中的普通测压管示意图

2.3　实验原理

当流量调节阀旋到一定位置后,实验管道内的水流以恒定流速流动。在实验管道中沿管内水流方向取 n 个过水断面,从进口断面(1)至另一个断面(i)的能量方程式为

$$z_1+\frac{p_1}{\gamma}+\frac{v_1^2}{2g}=z_i+\frac{p_i}{\gamma}+\frac{v_i^2}{2g}+h_\text{f}=\text{常数}\quad(i=2,3,\cdots,n)\tag{2.1}$$

式中:z——位置水头;

$\dfrac{p}{\gamma}$——压强水头;

$\dfrac{v^2}{2g}$——速度水头;

h_f——进口断面(1)至另一个断面(i)的损失水头。

从测压计中读出各断面的测压管水头$\left(z+\dfrac{p}{\gamma}\right)$,通过体积时间法或重量时间法测出管道流量,计算不同管道内径时过水断面平均速度 v 及速度水头$\dfrac{v^2}{2g}$,从而得到各断面的测压管水头和总水头。

2.4　实验方法与步骤

(1) 观察实验管道上分布的 19 根测压管,确认哪些是普通测压管,哪些是皮托管测压管。观察管道内径的大小,并记录各测点管径至表 2.1 中。

(2) 打开供水水箱开关,当实验管道充满水时反复开或关流量调节阀,排除管内气体或测压管内的气泡,并观察流量调节阀全部关闭时所有测压管水面是否平齐(水箱溢流时)。

如不平,则用吸气球将测压管中气泡排出或检查连通管内是否有异物堵塞。应确保所有测压管水面平齐后才能进行实验,否则实验数据不准确。

(3)打开流量调节阀并观察测压管液面变化情况,当最后一根测压管液面下降幅度超过 50% 时停止调节阀门。待测压管液面保持不变后,观察皮托管测点 1,6,8,12,14,16 和 18 的读数(即总水头,取标尺零点为基准面,下同)变化趋势——沿管道流动方向,总水头只降不升。而普通测压管 2,3,4,5,7,9,10,11,13,15,17,19 的读数(即测压管水头)沿程可升可降。观察直管均匀流同一断面上两个测点 2,3 测压管水头是否相同,验证均匀流断面上静水压强按动水压强规律分布;观察弯管急变流断面上两个测点 10,11 测压管水头是否相同,分析急变流断面是否满足伯努利方程应用条件。记录测压管液面读数至表 2.2 和表 2.3 中,并在表 2.2 中测记实验流量。

(4)继续增大流量,待流量稳定后测记第二组数据(测压管液面读数和实验流量)。

(5)重复步骤(4),测记第三组数据,要求 19 号测压管液面接近标尺零点。

(6)结束实验,关闭水箱开关,使实验管道水流逐渐排出。

(7)根据表 2.1 和表 2.2 中的数据计算各管道断面速度水头 $\dfrac{v^2}{2g}$ 和总水头 $\left(z+\dfrac{p}{\gamma}+\dfrac{v^2}{2g}\right)$(分别记录于表 2.4 和表 2.5 中)。

★操作要领与注意事项:① 实验前必须排除管道内及连通管中的气体;② 流量调节阀不能完全打开,要保证第 7 根和第 8 根测压管液面在标尺刻度范围内。

2.5 实验结果与分析

(1)记录有关常数。

表 2.1 各测点断面管径数据表 　　　　　　　　　　　　(单位:cm)

测点编号	1	2,3	4	5	6,7	8,9	10,11	12,13	14,15	16,17	18,19
管径	均匀段 D_1				缩管段 D_2		均匀段 D_1			扩管段 D_3	均匀段 D_1

(2)测记测压管静压水头 $\left(z+\dfrac{p}{\gamma}\right)$ 和流量 Q,测记皮托管测点读数。

表 2.2 各测点静压水头 $\left(z+\dfrac{p}{\gamma}\right)$ 和流量 Q 　　　(单位:cm 或 cm³/s)

测点编号	2	3	4	5	7	9	13	15	17	19	流量 Q
第一组											
第二组											
第三组											

表 2.3　皮托管测点总水头$\left(z+\dfrac{p}{\gamma}+\dfrac{v^2}{2g}\right)$　（单位：cm）

测点编号	1	6	8	12	14	16	18
第一组							
第二组							
第三组							

（3）计算速度水头和总水头。

表 2.4　各断面速度水头$\dfrac{v^2}{2g}$　（单位：cm）

管径 （cm）	第一组流量 $Q=$ （cm³/s）			第二组流量 $Q=$ （cm³/s）			第三组流量 $Q=$ （cm³/s）		
	A （cm²）	v （cm/s）	$\dfrac{v^2}{2g}$	A （cm²）	v （cm/s）	$\dfrac{v^2}{2g}$	A （cm²）	v （cm/s）	$\dfrac{v^2}{2g}$
$D_1=$									
$D_2=$									
$D_3=$									

注：$g=980$ cm/s²。

表 2.5　各断面总水头$\left(z+\dfrac{p}{\gamma}+\dfrac{v^2}{2g}\right)$　（单位：cm）

测点编号	2	3	4	5	7	9	13	15	17	19	流量 Q （cm³/s）
第一组											
第二组											
第三组											

（4）根据最大流量时的数据分别绘制总水头和测压管水头沿管道变化趋势线[总水头线(E-E线)和测压管水头线(P-P线)绘制于图2.4中]。总水头和测压管水头沿管道变化趋势线有何不同？为什么？

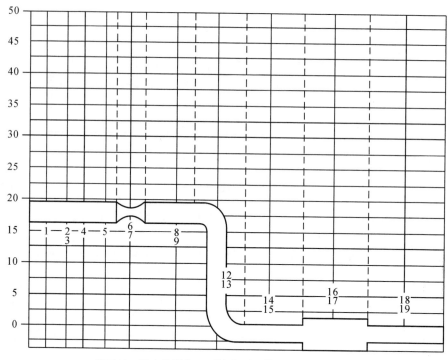

图 2.4 总水头线(E-E 线)和测压管水头线(P-P 线)

注:图中横向表示测点在管道中的位置,纵向表示某测点的总水头或测压管水头(单位均为 cm)。测压管水头线(P-P 线)依表 2.2 中数据绘制,总水头线(E-E 线)依表 2.5 中数据绘制,将所有测点数据用线段连接,在连线时要考虑同一管径的线段应平行(沿程水头损失大小随管道长度线性变化)。

(5)流量增加时测压管水头线如何变化?为什么?

(6)同一断面测点 2,3 读数是否一致?同一断面测点 10,11 读数是否一致?为什么?

(7)皮托管所显示的总水头与实测总水头是否一致?为什么?

3 雷诺实验

3.1 实验目的

(1) 观察层流、紊流的流态及流体由层流变紊流、紊流变层流时的水利特征；
(2) 测定临界雷诺数，掌握圆管流态判别准则；
(3) 学习应用量纲分析法进行实验研究的方法，了解其使用意义。

3.2 实验装置

雷诺实验装置如图 3.1 所示。

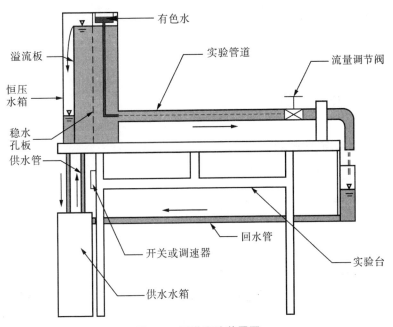

图 3.1　雷诺实验装置图

说明：本实验装置由供水水箱及恒压水箱、实验管道、有色水及水管、实验台、流量调节阀等组成。有色水经有色水管注入实验管道中心，随管道中流动的水一起流动，观察有色水线形态判别流态。专用有色水可自行消色。

3.3　实验原理

流体流动存在层流和紊流两种不同的流态,二者的阻力性质不相同。当流量调节阀旋到一定位置后,实验管道内的水流以流速 v 流动,观察有色水形态。如果有色水形态是稳定直线,则圆管内流态是层流;如果有色水完全散开,则圆管内流态是紊流。而定量判别流体的流态可依据雷诺数的大小来判定。经典雷诺实验得到的下临界值为 2320,工程实际中可依据雷诺数是否小于 2000 来判定流动是否处于层流状态。圆管流动雷诺数为

$$Re = \frac{\rho v d}{\mu} = \frac{v d}{\nu} = \frac{4Q}{\pi d \nu} = KQ \tag{3.1}$$

式中:ρ——流体密度(kg/cm^3);

$\quad\quad v$——流体在管道中的平均流速(cm/s);

$\quad\quad d$——管道内径(cm);

$\quad\quad \mu$——动力粘度($Pa \cdot s$);

$\quad\quad \nu$——运动粘度,且 $\nu = \dfrac{\mu}{\rho}$(cm^2/s);

$\quad\quad Q$——流量(cm^3/s);

$\quad\quad K$——常数,且 $K = \dfrac{4}{\pi d \nu}$(s/cm^3)。

3.4　实验方法与步骤

1) 记录及计算有关常数

管径 $d = $＿＿＿＿＿cm,　水温 $t = $＿＿＿＿＿℃

水的运动粘度 $\nu = \dfrac{0.01775}{1 + 0.0337t + 0.000221t^2} = $＿＿＿＿＿ cm^2/s

常数 $K = \dfrac{4}{\pi d \nu} = $＿＿＿＿＿ s/cm^3

2) 观察两种流态

滚动有色水塑料管上止水夹滚轮使有色水流出,同时打开水箱开关使水箱充满水至溢流,待实验管道充满水后反复开启流量调节阀,使管道内气泡排净后开始观察两种流态。关小流量调节阀直到有色水成一直线(接近直线时应在微调后等待其稳定几分钟),此时管内水流的流态是层流;之后逐渐开大流量调节阀,通过有色水线形态的变化观察层流转变为紊流的水力特征,当有色水线完全散开时管内水流的流态是紊流;再逐渐关小流量调节阀,观察由紊流转变为层流的水力特征。

3) 测定下临界雷诺数

(1) 将流量调节阀打开使管中水流呈紊流(有色水完全散开),之后关小流量调节阀使

流量减小;当有色水线摆动或略弯曲时应微调流量调节阀,且微调后应等待其稳定几分钟,观察有色线是否为直线,当流量调节到使有色水在全管中刚好呈现出一条稳定的直线时即为下临界状态;停止调节流量,用体积法或重量法测定此时的流量,测记水温,并计算下临界雷诺数。将数据填入表3.1中。

（2）测完一组数据后重复上述步骤测定另外两组数据。测定下一组数据前一定要确保开始状态为紊流流态,且调节流量时只能逐步关小而不能回调。测定临界雷诺数必须在刚好呈现出一条稳定直线时测定。为了观察到临界状态,调节流量时幅度要小,每调节阀门一次均须等待水流稳定几分钟。

4）测定上临界雷诺数

当流态是层流时,逐渐开启阀门使管中水流由层流过渡到紊流,当有色水线刚好完全散开时即为上临界状态。停止调节流量,用体积法或重量法测定此时的流量,测记水温,并计算上临界雷诺数。测定上临界雷诺数1~2次,并将数据填入表3.1中。

> ★操作要领与注意事项:① 测定下临界雷诺数时务必先增大流量,确保流态处于紊流状态;之后逐渐减小阀门开度,当有色线摆动时应停止调节阀门开度,等待几分钟后观察有色线形态,然后继续微调再等待几分钟,直到有色线刚好为直线时才是紊流变到层流的下临界状态。注意等待时间要足够,微调幅度要小,否则测不到临界值。② 只能单一方向调节阀门,不能回调,若错过临界点必须重做。③ 实验时不要触碰实验台,以免流动受到外界扰动影响。

3.5　实验数据处理

记录及计算数据至表3.1中。

表3.1　雷诺数测定数据表

实验次数	有色水线形态	体积法测流量			雷诺数 Re	阀门开度	备注
		水体积 V （cm³）	时间 T （s）	流量 Q （cm³/s）			
1	稳定直线					测下临界值时减小	测定下临界雷诺数
2							
3							
4	完全散开					测上临界值时增大	测定上临界雷诺数
5	直线摆动						
6							
7							
8							

3.6 实验分析与讨论

(1) 流态判据为何不采用临界流速而选用无量纲参数雷诺数?

(2) 为何采用下临界雷诺数作为层流与紊流的判据而不采用上临界雷诺数? 实测下临界雷诺数(平均值)为多少? 与下临界雷诺数公认值(2320)进行比较,并分析原因。

(3) 仔细观察实验撰转过程,分析由层流过渡到紊流的机理。

(4) 了解表 3.2 中层流和紊流在运动学和动力学特性方面的差异,并分析为何可以依据有色水线形态(稳定直线,稳定略弯、旋转、断续、直线抖动,完全散开)判别层流和紊流。

表 3.2 层流和紊流在运动学和动力学特性方面的差异

流态	运动学特性	动力学特性
层流	① 质点有规律地做分层流动; ② 断面流速按抛物线分布; ③ 运动要素无脉动现象	① 流层间无质量传输; ② 流层间无动量交换; ③ 单位质量的能量损失与流速的 1 次方成正比
紊流	① 质点互相混渗做无规则运动; ② 断面流速按指数规律分布; ③ 运动要素发生不规则的脉动现象	① 流层间有质量传输; ② 流层间存在动量交换; ③ 单位质量的能量损失与流速的 1.75~2 次方成正比

4 皮托管测速实验

4.1 实验目的

(1) 了解皮托管的构造和适用条件,通过对管嘴淹没出流的点流速及点流速系数的测量,掌握用皮托管测量点流速的技能;

(2) 分析管嘴淹没射流的点流速分布及点流速系数的变化规律。

4.2 实验装置

皮托管测速实验装置如图4.1所示。

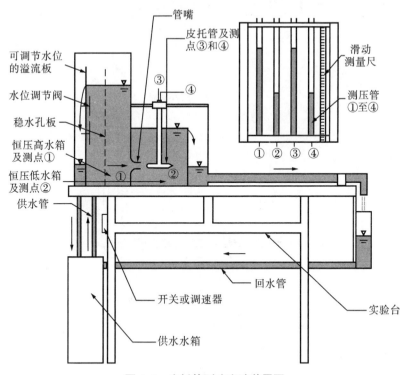

图4.1 皮托管测速实验装置图

说明:本实验装置由供水水箱及恒压高低水箱、皮托管及导轨、测压计、实验台等组成。在高水箱有一管嘴,高水箱水经该管嘴流入低水箱中,高低水箱水位差的位能转换成动能,用皮托管在管嘴出口2~3 cm处测出其点流速。测压计的测压管①和②用于测量高低水箱位置水头,测压管③和④分别与皮托管的总水头测压孔、静压水头测压孔连通,用于测量管嘴出流总水头和静压水头。通过水位调节阀可调节高水箱水位,从而改变管嘴出流点流速。

4.3 实验原理

皮托管是法国人皮托(H. Pitot)于 1732 年发明的,其结构和测速原理如图 4.2 所示。皮托管具有结构简单、使用方便、测量精度高、稳定性好等特点,因此应用广泛。其测量范围:水流为 0.2~2 m/s,气流为 1~60 m/s。

皮托管测速原理如下:皮托管总水头探头对准来流方向,另一端竖直并与大气相通。沿流线取两点 A 和 B,点 A 在未受皮托管干扰处,流速为 u,该点处静压水头$\left(z_A+\dfrac{p_A}{\rho g}\right)$可通过皮托管静压测孔测量;点 B 在皮托管管口驻点处,流速为 0。流体质点自点 A 流动到点 B 时,其动能全部转化为位能,使竖管液面升高,超出静压强为 Δh 水柱高度,故有

$$\left(z_B+\frac{p_B}{\rho g}\right)-\left(z_A+\frac{p_A}{\rho g}\right)=\Delta h \tag{4.1}$$

列沿流线的伯努利方程,忽略 A,B 两点间的能量损失,有

$$z_A+\frac{p_A}{\rho g}+\frac{u^2}{2g}=z_B+\frac{p_B}{\rho g}+0 \tag{4.2}$$

由式(4.1)和式(4.2)得

$$u=\sqrt{2g\Delta h} \tag{4.3}$$

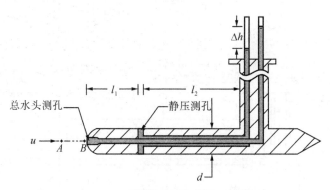

图 4.2　皮托管结构及测速原理图

由于皮托管在生产过程中的加工误差等因素,须对皮托管进行校正,得到该皮托管校正系数 c。加以修正后得到皮托管测速公式如下:

$$u=c\sqrt{2g\Delta h}=k\sqrt{\Delta h} \tag{4.4}$$

式中:u——皮托管测点处流速;

　　　c——皮托管校正系数;

　　　Δh——皮托管总水头与静压水头之差;

k——常数，且 $k=c\sqrt{2g}$。

对于管嘴淹没出流，管嘴作用水头 ΔH（高低水箱水位差）、流速系数 φ' 与流速 u 之间有如下关系：

$$u=\varphi'\sqrt{2g\Delta H} \tag{4.5}$$

式中：u——测点处流速；

φ'——测点处流速系数；

ΔH——管嘴作用水头。

由式(4.4)和式(4.5)，可得

$$\varphi'=c\sqrt{\Delta h/\Delta H} \tag{4.6}$$

因此只要测出 Δh 和 ΔH，便可以测出管嘴出流的点流速系数 φ'，再与实际流速系数（经验值 $\varphi'=0.995$）比较，即可得出测量精度。

4.4 实验方法与步骤

(1) 安装皮托管：将皮托管对准管嘴中心，距离管嘴出口 2～3 cm，并使总水头测孔中心线位于管嘴中心线上，然后固定皮托管。

(2) 开启水箱开关：使高低水位水箱加满水并溢流，管嘴有水以某一速度流出。

(3) 排气：用吸气球放在测压管口抽吸，将皮托管及高低水箱的 4 根测压管连通管中气体抽出，如果测压管①和②水柱液面分别同高低水箱液面齐平，而测压管③和④水柱液面又分别与测压管①和②水柱液面基本一致，说明管内气体已经排出。也可以用静水闸罩住皮托管，检查测压管③和④水柱液面是否齐平。

(4) 记录数据：记录皮托管校正系数 c 及 4 根测压管读数 h_1，h_2，h_3，h_4，填入表 4.1 中。

(5) 改变流速：调整水位调节阀位置，改变高位水箱水位，得到不同的管嘴出流速度。分别记录 3 组数据至表 4.1 中。

(6) 定性分析实验：分别沿垂直方向和管嘴中心线横向移动，观察管嘴淹没射流的速度分布规律。从测压管③和④的读数看出射流边缘位置比射流中心位置的 Δh 小，表明射流中心流速大。当皮托管头部伸入到管嘴中时，验证了有压管道中管道直径相对皮托管的直径在 6～10 倍时，误差超过 2%～5%，不宜使用。

★操作要领与注意事项：① 测压管连通管中气体要排除干净；② 皮托管安装时务必对准管嘴中心，且其轴线与管嘴轴线一致，皮托管距离管嘴 2～3 cm，距离太近或太远都会导致误差较大。

4.5 实验数据处理

记录及计算数据如下：

皮托管校正系数 $c=$ _____（见标牌），$k=c\sqrt{2g}=$ _____ $cm^{0.5}/s(g=980\ cm/s^2)$

表 4.1 皮托管测速实验数据表

实验序号	高低水箱水位差(cm)			皮托管水头差(cm)			测点流速 $u=c\sqrt{2g\Delta h}=k\sqrt{\Delta h}$ (cm/s)	测点流速系数 $\varphi'=c\sqrt{\Delta h/\Delta H}$
	h_1	h_2	ΔH	h_3	h_4	Δh		
1								
2								
3								

4.6 实验分析与讨论

（1）利用测压管测量点压强时为什么要排气？如何检查连通管气体是否排干净？

（2）管嘴作用水头 ΔH 和皮托管总水头与静压水头之差 Δh 之间的大小关系怎样？为什么？

（3）测点流速系数 φ' 是否小于 1？为什么？

（4）用激光测速仪检测到距管嘴孔口 2～3 cm 轴心处点流速系数 $\varphi'=0.996$，如何测定皮托管校正系数 c？

（5）普朗特型皮托管的测速范围为 0.2～2 m/s，轴向安装偏差要求不大于 $10°$，请说明原因。

5 文丘里流量计实验

5.1 实验目的

（1）通过文丘里流量计测定管道流量和流量系数，了解文丘里流量计结构和工作原理，掌握管道流量测试技术和应用气-水多管压差计量测压差的技术；

（2）通过实验与量纲分析，了解应用量纲分析与实验结合研究水力学问题的途径，进而掌握文丘里流量计的水力特性。

5.2 实验装置

文丘里流量计实验装置如图 5.1 所示。

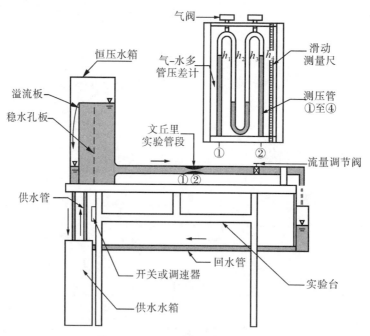

图 5.1 文丘里流量计实验装置图

说明：本实验装置由供水水箱及恒压水箱、实验管道、文丘里流量计、气-水多管压差计、流量调节阀、实验台等组成。此外，在文丘里实验段的测点①和②处接有压差电测仪，在小压差时用气-水多管压差计测量压差，高压差时则关闭气-水多管压差计，改用压差电测仪测量①和②两点处压差。

5.3 实验原理

在文丘里流量计收缩段进口有一个测压点①,在喉管处有一个测压点②,根据能量方程式(不计水头损失):

$$z_1 + \frac{p_1}{\gamma} + \frac{v_1^2}{2g} = z_2 + \frac{p_2}{\gamma} + \frac{v_2^2}{2g} \tag{5.1}$$

由连续性方程式 $Q_{理论} = v_1 A_1 = v_2 A_2$ 及两断面测压管水头差 $\Delta h = (z_1 + p_1/\gamma) - (z_2 + p_2/\gamma)$,可得不计阻力作用时的文丘里管过水能力关系式:

$$Q_{理论} = \frac{\frac{\pi}{4} d_1^2}{\sqrt{\left(\frac{d_1}{d_2}\right)^4 - 1}} \sqrt{2g\left[(z_1 + p_1/\gamma) - (z_2 + p_2/\gamma)\right]} = K\sqrt{\Delta h} \tag{5.2}$$

式中:K——常数,且 $K = \dfrac{\frac{\pi}{4} d_1^2}{\sqrt{\left(\frac{d_1}{d_2}\right)^4 - 1}} \sqrt{2g}$,其中 $g = 980 \text{ cm/s}^2$;

Δh——两断面测压管水头差,且 $\Delta h = (z_1 + p_1/\gamma) - (z_2 + p_2/\gamma)$。

由于实际的阻力存在,实际通过的流量 $Q_{实际}$ 恒小于 $Q_{理论}$,引入流量系数 μ,对计算所得流量进行修正,即

$$Q_{实际} = \mu Q_{理论} \tag{5.3}$$

由静力学基本方程可得气-水多管压差计的读数与断面测压管水头差有如下关系:

$$\Delta h = h_1 - h_2 + h_3 - h_4 \tag{5.4}$$

对于高压差测量,由于压差超过了气-水多管压差计的量程范围,必须滑动止水夹至关闭状态,切断气-水多管压差计与测点的连通,改用压差电测仪测量。读取压差电测仪读数,即为断面测压管水头差 Δh。

5.4 实验方法与步骤

(1)记录文丘里流量计收缩段进口直径 d_1 和喉管处直径 d_2(见水箱标牌)。

(2)打开电源开关,通过水泵抽水至恒压水箱,反复开关流量调节阀排净管道内和连通管中气体。然后关闭阀门,检查测压管液面读数 $\Delta h = h_1 - h_2 + h_3 - h_4$ 及压差电测仪读数是否为零,若不为零则需要查明原因或调零。$h_2 = h_3 \approx 24 \text{ cm}$,若不对,需拧开气-水多管压差计的气阀进行调整。

(3)打开流量调节阀,待水流稳定后读取气-水多管压差计的读数 h_1, h_2, h_3, h_4,并用秒表、量筒测定实际流量 $Q_{实际}$,将数据填入表5.1中。

(4)逐次开大流量调节阀,改变流量,按步骤(3)测另外两组数据(调节流量时需要保证

$h_4 > 0$）。

（5）关闭气-水多管压差计连通管上的止水夹,继续增大流量,读取压差电测仪读数 Δh,并用秒表、量筒测定实际流量 $Q_{实际}$,将数据填入表 5.1 中。重复该步骤测两组数据。

（6）实验结束,按步骤(2)核查压差计及电测仪是否为零,然后关闭电源。

★操作要领与注意事项:① 流量计和多管压差计连通管中气体务必排除干净;② 压差较大时务必关闭连通管上止水夹,改用压差电测仪(使用前要调零,即关闭阀门时压差应为零)。

5.5 实验数据处理

记录及计算数据如下:

文丘里流量计进口直径 $d_1 =$ _____ cm,   喉管处直径 $d_2 =$ _____ cm

$K =$ _____ cm$^{2.5}$/s

表 5.1 文丘里流量计实验数据表

实验序号	气-水多管压差计及电测仪读数(cm)					水体积 $V(cm^3)$	测量时间 $T(s)$	$Q_{实际}$ (cm^3/s)	$Q_{理论}$ (cm^3/s)	$\mu = \dfrac{Q_{实际}}{Q_{理论}}$
	h_1	h_2	h_3	h_4	Δh					
1										
2										
3										
4		—								
5		—								

5.6 实验分析与讨论

（1）利用压差计及电测仪测量压差时为什么要排气? 如何检查连通管中气体是否排干净?

（2）影响文丘里流量计流量系数大小的因素有哪些？哪个因素最敏感？为什么？

（3）为什么计算流量 $Q_{理论}$ 与实际流量 $Q_{实际}$ 不相等？

（4）文丘里管道安装时有倾斜角 α，证明气-水多管压差计如下关系式：
$$\Delta h = (z_1 + p_1/\gamma) - (z_2 + p_2/\gamma) = h_1 - h_2 + h_3 - h_4$$
仍然成立。

（5）应用量纲分析法阐述文丘里流量计的水力特性。

6 圆管内沿程水头损失实验

6.1 实验目的

(1) 了解圆管层流和紊流的沿程损失随平均流速变化的规律;

(2) 掌握管道沿程阻力系数的量测技术;

(3) 与莫迪图进行对比,分析实验结果的合理性,进一步提高分析实验结果的能力,培养创造性思维能力。

6.2 实验装置

圆管内沿程水头损失实验装置如图 6.1 所示。

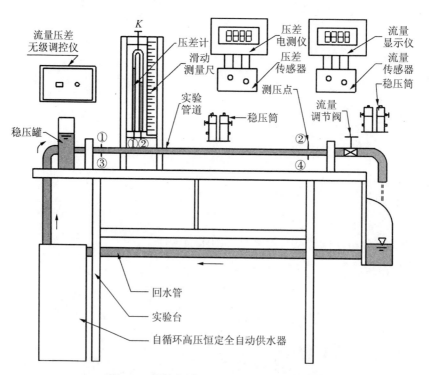

图 6.1 圆管内沿程水头损失实验装置图

说明:本实验装置由自循环高压恒定全自动供水器、实验管道、流量调节阀、流量压差无级调控仪、压差计、压差电测仪、流量显示仪、回水管、实验台等组成,其中,供水器内含自动水泵,出口处安装了稳压罐,可以避免水泵直接向实验管道供水而造成压力波动影响。根据压差大小,分别选择不同的测压仪器。当压差较低时,通过测点①和②连通压差计量测;当压差较高时,应把流量压差无级调控仪开关拨至紊流档,从而关闭压差计连通管,通过测点③和④连通压差电测仪进行测量。稳压筒的作用是为了简化排气及避免压力波动导致电测仪读数困难。

6.3　实验原理

(1) 圆管恒定水流沿程水头损失可由达西公式得到,即

$$h_f = \lambda \frac{l}{d} \frac{v^2}{2g} \tag{6.1}$$

式中:h_f——沿程水头损失;

$\quad\lambda$——沿程水头损失系数;

$\quad l$——上下游测点断面之间的管段长度;

$\quad d$——圆管直径;

$\quad v$——断面平均流速。

由伯努利方程有

$$h_f = (z_1 + p_1/\gamma) - (z_2 + p_2/\gamma) = \Delta h \tag{6.2}$$

因此,在实验中可根据测点①,②或测点③,④的测压管水头差 Δh 得到实测 h_f,从而得到管道的沿程水头损失系数 λ,即

$$\lambda = \frac{2gdh_f}{l} \frac{1}{v^2} = \frac{2gdh_f}{l} \left(\frac{\pi}{4} \frac{d^2}{Q} \right)^2 = K \frac{h_f}{Q^2} \tag{6.3}$$

式中:K——常数,且 $K = \dfrac{\pi^2 g d^5}{8l}$。

(2) 圆管层流运动的沿程水头损失系数 λ 也可由下面公式得到,即

$$\lambda = \frac{64}{Re} \tag{6.4}$$

式中:Re——雷诺数,且 $Re = \dfrac{\rho v d}{\mu} = \dfrac{v d}{\nu} = \dfrac{4Q}{\pi d \nu}$。

水的运动粘度可根据水温由下面公式得到,即

$$\nu = \frac{0.01775}{1 + 0.0337t + 0.000221t^2} (\mathrm{cm^2/s}) \tag{6.5}$$

6.4　实验方法与步骤

(1) 记录圆管直径 d 和实验段两测点断面之间的管段长度 l(见水箱标牌)。

（2）通电前，先确认实验管道尾端流量调节阀全开，避免水泵启动后不能正常工作而烧坏，同时压差电测仪的开关位于紊流挡之后，再给沿程阻力流量压差无级调控仪（简称无级调控仪）、压差电测仪和流量显示仪通电。

（3）对压差计补气：将无级调控仪旋钮调小后，打开无级调控仪的水泵开关及压差电测仪和流量显示仪的开关；再将无级调控仪关旋钮调高（压差电测仪显示 500 cm 时停止调旋钮），把压差电测仪的开关从紊流挡打到层流挡，待压差计上部过水后再打到紊流挡。

（4）对连接稳压筒与压差计的软管和电磁阀（控制压差计软管通或断，压差电测仪开关位于紊流挡是断开状态，位于层流挡是连通状态）以及连接实验管道和稳压筒的软管进行排气：将无级调控仪旋钮调小，当压差电测仪数字显示为 100 cm 时，关闭实验管道尾端流量调节阀，压差电测仪开关打到层流挡，排除压差计软管中气体；打开稳压筒两边出气口，排除连接稳压筒的软管中气体，并待筒内水位接近出气口时关闭出气口。

（5）调零：此时管道流体流速和流量均为零，压差计①和②号管内水面应持平，否则需重新排气；然后观察压差电测仪和流量显示仪的显示数字是否为零，否则调整到零。排气和调零后正式开始实验。

（6）层流实验（3 组）：将实验管道尾端流量调节阀慢慢打开，仔细观察压差计测压管液面情况，通过调节实验管道尾端流量调节阀进行实验。当压差为 1.5 cm，2.5 cm 和 3.0 cm 左右时分别记录压差计 h_1，h_2 读数及实验温度 t，用体积法测流量。实验数据记录到表 6.1 中。

（7）湍流（紊流）实验（3～5 组）：在层流实验基础上，将压差电测仪开关打到紊流挡，全开管道流量调节阀，将无级调控仪旋钮调大并观察压差电测仪读数，当读数分别为 160 cm，260 cm，400 cm，500 cm 和 600 cm 左右时，待流量稳定后分别记录压差电测仪和流量显示仪读数及实验温度 t；将无级调控仪旋钮开到最大，测定流量显示仪最大流量，记录最后一组数据。实验数据记录到表 6.1 中。

（8）实验结束前将无级调控仪旋钮调小，当压差电测仪读数低于 100 cm 后即可关闭无级调控仪、压差电测仪和流量显示仪开关，切断电源。

★操作要领与注意事项：① 在整个紊流实验过程中，实验管道流量调节阀始终处于全开状态；② 管道流量调节阀仅限层流实验时调节流量和调零使用，全关管道流量调节阀调零时必须在低压（压差低于 100 cm）的状态下进行；③ 实验结束时务必将无级调控仪旋钮调小使压差电测仪读数低于 100 cm；④ 所有连通管中气体务必排除干净；⑤ 稳压筒内气腔越大，稳压效果越好；⑥ 层流实验时用压差计读数，湍流（紊流）实验时用压差电测仪读数；⑦ 层流时测流量使用体积法，紊流时使用流量显示仪；⑧ 压差电测仪开关一般位于紊流挡，只有压差电测仪显示低于 20 cm 时才能切换到层流挡，否则切换到层流挡时间不能超过 2 s。

6.5 实验数据处理

记录及计算数据如下：

圆管直径 $d=$ _____ cm，　　　两测点断面之间的管段长度 $l=$ _____ cm

$$K=\frac{\pi^2 g d^5}{8l}=$$ _____ $cm^5/s^2 (g=980\ cm/s^2)$

表 6.1　圆管内沿程水头损失实验数据表

实验序号	体积 V (cm^3)	测量时间 $T(s)$	流量 Q (cm^3/s)	水温 t (℃)	粘度 ν (cm^2/s)	雷诺数 Re	压差计读数或电测仪读数（cm）		沿程水头损失 h_f(cm)	沿程水头损失系数 λ	$Re<$ 2320 时 $\lambda=\frac{64}{Re}$
							h_1	h_2			
1											
2											
3											
4											
5											
6											
7											

6.6 实验分析与讨论

（1）绘制 λ-Re 曲线，并说明该曲线是否属于光滑管区，以及本次实验结果与莫迪图是否吻合。

（2）为什么压差计的水柱差就是沿程水头损失？实验管道倾斜安装对实验结果是否有影响？

（3）同一管道中用不同液体进行实验，当流速相同时，其沿程水头损失是否相同？雷诺数相同时，其沿程水头损失是否相同？

（4）同一流体流经两个管径和管长均相同而当量粗糙度不同的管道时，若流速相同，其沿程水头损失是否相同？

7 局部水头损失实验

7.1 实验目的

（1）掌握三点法、四点法量测局部水头损失及局部阻力系数的技能；

（2）观察管道突扩和突缩部分测压管水头变化，加深对局部阻力损失机理的理解；

（3）通过对圆管突扩局部阻力系数的理论公式和突缩局部阻力系数的经验公式的实验验证与分析，熟悉用理论分析法和经验法建立函数式的途径。

7.2 实验装置

局部水头损失实验装置如图 7.1 所示。

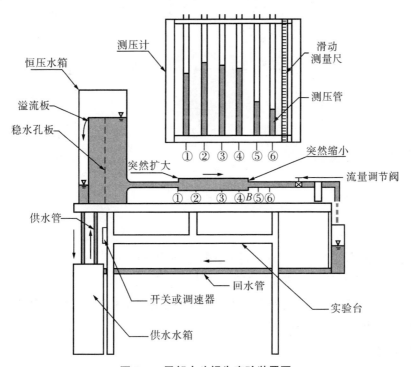

图 7.1　局部水头损失实验装置图

说明：本实验装置由供水水箱、恒压水箱、突然扩大实验管道、突然缩小实验管道、测压计、流量调节阀、回水管、实验台等组成。实验管道由一段小直径的圆管加中间一段大直径的圆管,再加一段小直径的圆管组成,其中前后两段小直径的圆管大小一样。在实验管道上分布了如图 7.1 所示的 6 个测压点,其中测点①,②,③测量突扩局部阻力系数(测点①位于突扩界面处,用以测量小管出口端压强值),测点③,④,⑤,⑥测量突缩局部阻力系数。

7.3 实验原理

从局部阻力前后两断面的能量方程中扣除沿程水头损失,可得到该局部阻力的局部水头损失。

1) 突然扩大

对于突扩段,本次实验采用三点法计算局部水头损失,其中测点①位于突扩界面处,用以测量小管出口端压强值。测点①,②间距是测点②,③间距的一半,由于相同管道的沿程水头损失与其长度成正比,所以测点①断面到测点②断面之间的沿程水头损失 $h_{f1\text{-}2}$ 是测点②断面到测点③断面之间的沿程水头损失 $h_{f2\text{-}3}$ 的一半,即 $h_{f1\text{-}2}=\dfrac{1}{2}h_{f2\text{-}3}$。

由测点①断面、测点②断面两断面能量方程

$$z_1+\frac{p_1}{\gamma}+\frac{\alpha v_1^2}{2g}=z_2+\frac{p_2}{\gamma}+\frac{\alpha v_2^2}{2g}+h_{je}+h_{f1\text{-}2} \tag{7.1}$$

得到实测

$$h_{je}=\left(z_1+\frac{p_1}{\gamma}+\frac{\alpha v_1^2}{2g}\right)-\left(z_2+\frac{p_2}{\gamma}+\frac{\alpha v_2^2}{2g}+\frac{1}{2}h_{f2\text{-}3}\right) \tag{7.2}$$

$$\zeta_e=\frac{h_{je}}{\dfrac{\alpha v_1^2}{2g}} \tag{7.3}$$

又据理论公式——包达公式,有

$$\zeta'_e=\left(1-\frac{A_1}{A_2}\right)^2 \tag{7.4}$$

$$h'_{je}=\zeta'_e\frac{\alpha v_1^2}{2g} \tag{7.5}$$

式中:h_{je},h'_{je}——断面突然扩大流体局部水头损失的实测值和理论值;

ζ_e,ζ'_e——断面突然扩大流体局部阻力系数的实测值和理论值;

$h_{f1\text{-}2}$,$h_{f2\text{-}3}$——断面①,②之间沿程水头损失和断面②,③之间沿程水头损失;

A_1,A_2——测点①,②断面面积。

2) 突然缩小

本次实验采用四点法计算。B 点为突缩断面,③,④两点间距是④,B 两点间距的 2 倍,B,⑤两点间距与⑤,⑥两点间距相等,故按长度比例换算得出 $h_{f4\text{-}B}=\dfrac{1}{2}h_{f3\text{-}4}$,$h_{fB\text{-}5}=h_{f5\text{-}6}$。

由测点④断面、测点⑤断面两断面能量方程

$$z_4 + \frac{p_4}{\gamma} + \frac{\alpha v_4^2}{2g} = h_{f4\text{-}B} + h_{js} + h_{fB\text{-}5} + z_5 + \frac{p_5}{\gamma} + \frac{\alpha v_5^2}{2g} \tag{7.6}$$

得到实测

$$h_{js} = \left(z_4 + \frac{p_4}{\gamma} + \frac{\alpha v_4^2}{2g} \right) - \left(\frac{1}{2} h_{f3\text{-}4} + h_{f5\text{-}6} + z_5 + \frac{p_5}{\gamma} + \frac{\alpha v_5^2}{2g} \right) \tag{7.7}$$

$$\zeta_s = \frac{h_{js}}{\dfrac{\alpha v_5^2}{2g}} \tag{7.8}$$

又据突缩断面局部水头损失经验公式,有

$$\zeta_s' = \frac{1}{2}\left(1 - \frac{A_5}{A_4} \right) \tag{7.9}$$

$$h_{js}' = \zeta_s' \frac{\alpha v_5^2}{2g} \tag{7.10}$$

式中:h_{js},h_{js}'——断面突然缩小流体局部水头损失的实测值和经验值;

$\quad\quad\zeta_s$,ζ_s'——断面突然缩小流体局部阻力系数的实测值和经验值;

$\quad\quad h_{f3\text{-}4}$,$h_{f5\text{-}6}$——断面③,④之间沿程水头损失和断面⑤,⑥之间沿程水头损失;

$\quad\quad A_4$,A_5——测点④,⑤断面面积。

7.4　实验方法与步骤

(1)记录各管道直径、长度等数据。

(2)打开电源开关,向恒压水箱供水,并排除实验管道中滞留的气体。全关流量调节阀,检查测压计中各测压管液面是否平齐,否则需用吸气球进行排气。实验时要求恒压水箱始终保持溢流状态,确保水箱水位不变。

(3)打开流量调节阀至某一开度,待测压管液面稳定后测记测压管读数,并用体积法或重量法测记流量,记录至表7.1中。

(4)改变流量调节阀开度,按照步骤(3)重复4次,测记共5组数据。

(5)实验结束,关闭电源。

★操作要领与注意事项:实验管道和连通管中气体务必排除干净。

7.5　实验数据处理

记录及计算数据如下:

管道直径:$d_1 = D_1 = $_____cm,$d_2 = d_3 = d_4 = D_2 = $_____cm

$\quad\quad\quad\quad d_5 = d_6 = D_3 = $_____cm

管道长度:$l_{1\text{-}2} = 12$ cm,$l_{2\text{-}3} = 24$ cm

$\quad\quad\quad\quad l_{3\text{-}4} = 12$ cm,$l_{4\text{-}B} = 6$ cm,$l_{B\text{-}5} = 6$ cm,$l_{5\text{-}6} = 6$ cm

局部阻力系数理论值 ζ_e' 或经验值 ζ_s' :

$$\zeta_e' = \left(1 - \frac{A_1}{A_2}\right)^2 = \underline{\hspace{2cm}}, \quad \zeta_s' = \frac{1}{2}\left(1 - \frac{A_5}{A_4}\right) = \underline{\hspace{2cm}}$$

表 7.1 局部水头损失实验数据表($g = 980 \text{ cm/s}^2$)

实验序号	体积 V (cm^3)	测量时间 $T(s)$	流量 Q (cm^3/s)	测压管读数(cm)						突然扩大(局部水头损失单位:cm)			突然缩小(局部水头损失单位:cm)		
				h_1	h_2	h_3	h_4	h_5	h_6	h_{je}	ζ_e	h_{je}'	h_{js}	ζ_s	h_{js}'
1															
2															
3															
4															
5															

7.6 实验分析与讨论

（1）分析比较突扩和突缩圆管在相应条件下局部水头损失大小关系,并对实测局部水头损失及局部阻力系数与理论值或经验值进行比较分析。

（2）观察 E 型流动演示仪突然扩大和突然缩小平面上的流动图谱,分析突然扩大和突然缩小局部阻力损失机理,并分析局部水头损失主要发生在哪些部位以及如何减小局部阻力损失。

（3）如何用两点法测量阀门的局部阻力系数?

8 空化机理实验

8.1 实验目的

（1）观察空化现象，了解空化发生原理、典型工程空化现象、流道体型对空化的影响等；

（2）观察空化流动现象，掌握定量量测空化数的方法；

（3）了解空化管节流工作原理。

8.2 实验装置

空化机理实验装置如图 8.1 所示。

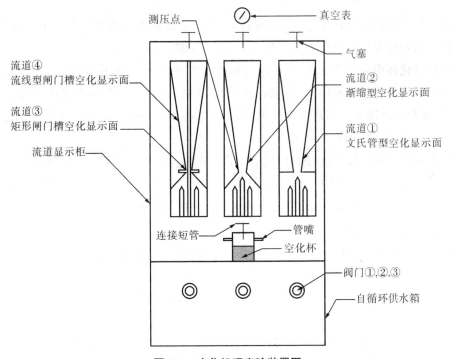

图 8.1　空化机理实验装置图

说明：本实验装置包括 3 种类型的空化演示仪，有文氏管型、渐缩型、矩形和流线型凹槽等 4 种流道。喉道最大流速为 18 m/s，最大真空度为 10 m 水柱。实验时将气塞塞紧，实验结束后拔出气塞，以放空流道内积水。

8.3 实验演示内容与实验指导

在液体流动的局部区域,由于流速过高或边界层分离,会导致压强降低,直至液流内部出现气体(或蒸汽)空泡或空穴,这种现象称为空化或气穴。空化可造成很多危害性后果,如引起空化区附近的固体边界剥蚀破坏、噪声污染、结构振动、机械效率降低等。

1) 空化现象的演示

在流道①,②,③,④的三个阀门全开的条件下启动水泵,可以看到在流道①,②的喉部和流道③的闸门槽处出现乳白色雾状空化云,这就是空化现象,同时还可以听到空化噪声。空化区的负压(或真空)相当大(其真空度可由真空表读出),最大真空可达 10 m 水柱以上。空化按其型态可分为游移型、边界分离型和旋涡型三种。

在流道①,②的喉部所形成的带游移状空化云为游移型空化,在喉道出口处两边形成的附着于转角两边较稳定的空化云为附体边界分离型空化;发生在流道③闸门槽旋涡区的空化云则为旋涡型空化。

2) 空化机理演示

流动液体在标准大气压下,当温度升到 100 ℃,沸腾时水体内产生大小不一的气泡,这就是空化。这种现象也可以在水温不高、压强较低时得以发生。

本仪器空化杯中演示空化现象:先向杯中注入半杯温水,压紧橡皮塞盖,然后将连通流道喉部处的软管与管嘴接通(杯的两侧各 1 只)。在喉管负压作用下,空化杯内的空气被吸出,真空表读数随之增大。当真空度接近 -10 m 水柱时,杯中水就开始沸腾。这就是常温水在低压下发生空化的现象。

空化形成的原因可用"气核理论"说明。该理论认为,常温及常压下普通水里总含有气体,并以微核状态存在于水体中,当压强降到一定程度时气核就膨胀、积聚组成空泡。因此,气核的存在是形成空化的基础,而负压的出现是产生空化的条件。

3) 空穴数的量测

工程上常以无量纲参数 σ 作为衡量实际水流是否发生空化的指标,即

$$\sigma = \frac{p_0 - p_v}{\rho v_0^2 / 2} = \frac{(p_0 - p_v)/\gamma}{v_0^2/(2g)} \tag{8.1}$$

式中:p_0——测点上游未受扰动的压强;

v_0——测点上游未受扰动的流速;

p_v——液体的汽化压强。

当流道某处 σ 低至某值 σ_0 时开始发生空化(σ_0 称为初生空穴数或临界空穴数)。σ_0 随边界条件而异。

下面以流道②为例说明测定 σ_0 的量测方法。

首先在停机时接长流道②出口软管,便于测量流量;然后全关阀门②,阀门①和③全开,

启动水泵,逐渐开大阀门②,真空表读数随之增大(真空表与流道②测压点连接),当真空表读数增大至一定值时喉道开始出现时隐时现的空泡,这就是初生空化(初生空化时可听到气泡爆裂发出的细小噪声);此时量得流道②的下泄流量 Q_0 及喉道真空表读数 p_0,根据喉道过水断面面积 A'、侧收缩系数 ε、水温(根据水温得到汽化压强 p_v)就可以计算出 σ_0。

如本仪器流道②在水温 29 ℃时 $\sigma_0=0.3$,当继续开大阀门,可测得最大真空度时最小空穴数 $\sigma_{min}=-0.004$。因 $\sigma_{min}\ll\sigma_0$,故产生强烈空化。

4)流道体型对空化的影响

流道体型对空化影响极大,是引发空化的重要条件之一。从流道①,②,③,④的空化情况可以看出,流道①比流道②空化更严重,流道③比流道④的空化程度要大。

5)空化管的利用

利用空化机理可设计空化节流装置,也可以实现制冷液体的热交换。如液体火箭发动机的液体燃料供应要求不受大气压波动影响,在设计发动机输液管时,设有一种文氏空化管的节流装置就可以实现恒定供应燃料的要求。其原理在于工作时文氏管喉部已经高度空化,压强已接近绝对真空,因此在火箭发射后升空过程中尾部压强变化不会影响到喉部压强的变化,燃料流量保持恒定。

★操作要领与注意事项:① 空化杯中加水温度在 40 ℃左右效果较好,且须是新鲜自来水;② 由于水泵供水压力大,不允许出现两个或三个阀门全关的情况;③ 实验结束后应把供水箱中水放空,以免水泵生锈。

8.4 实验分析与讨论

(1) 为什么在海拔较高的地区用普通锅煮的饭会夹生?为什么水泵吸水管的高度不能超过 7 m?

(2) 为什么在易空化部位采用人工掺气能降低空蚀危害?

(3) 如何避免空化现象的产生?在管道设计中可采取哪些措施?

9 紊动机理实验

9.1 实验目的

观察层流、湍流状态，了解紊动发生的过程、机理，帮助学生加深对流动现象的理解。

9.2 实验装置及工作原理

紊动机理实验装置如图9.1所示。

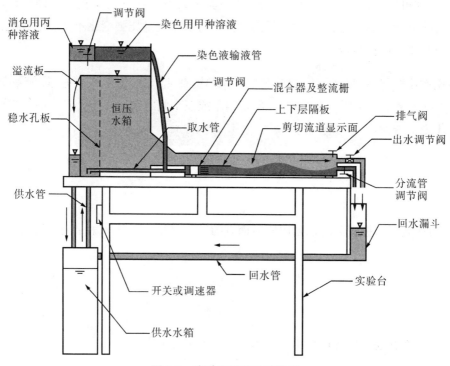

图9.1 紊动机理实验装置图

说明：本实验装置包括供水水箱、恒压水箱、供水管、染色溶液、有上下层隔板的实验管道等。

实验装置工作原理如下：打开电源，向恒压水箱供水，恒压水箱设溢流板，保持水箱水位恒定。工作水流自恒压水箱经隔板上方流入实验管道，同时，染色液体流入取水管后，与取水管中水流混合后经隔板下方流入实验管道。在实验管道隔板上方是无色透明流体，隔板下方是紫红色流体，适当调节出水阀门，使隔板上下两股不同流速的水流形成在其交界面为间断面的汇合流。通过改变出水调节阀和分流管调节阀的开度以调节剪切流道上下层流速,从而改变交界面的流速差。由于隔板上层流体呈无色透明,隔板下层流体呈紫红色,因此剪切流交界面上的流动形态清晰可见,可以演示湍流形成的过程。

9.3 实验演示内容与实验指导

1)湍流发生过程演示

(1)层流演示

调节出水阀门开度使上下层流速相同,界面流速接近零时实验显示上层无色流体与下层的红色流体的界面清晰、平稳,流动处于层流状态。

(2)波动形成发展演示

调节出水调节阀,适当增大上层流速,界面处略有速度差,开始发生微小波动;继续增大阀门开度,上层流速逐渐增大,实验可见波动明显,流动处于层流到湍流的过渡状态。

(3)波动转变为旋涡湍动演示

将出水阀门开度增大到一定范围时,实验可见波动失稳,波峰翻转,形成旋涡,界面消失,涡体的旋转运动使得上下层流体质点发生混掺,湍动发生,流动处于湍流状态。

2)紊动机理分析

经隔板上下层流道流出的两股水流在隔板末端汇合,由于两股水流原来流速不同,在交界面处流速值有一个跳跃变化,这种交界面称为间断面。越过间断面时流速突变,且其速度梯度很大,间断面两侧水流将重新调整,因此交界面是不稳定的,对于偶然的波状扰动,交界面就会出现波动。在波峰处,上层流体过水断面变小,流速变大,压强减小;而下层流体则相反,过水断面增大而流速变小,压强增大。于是,在波峰处产生一个指向波峰方向的横向压力,使波峰上凸更高;在波谷处情况相反,横向压力使波谷下凹更低。这样,整个流程凸段更凸,凹段更凹,波状起伏更加显著。最后,间断面破裂、翻滚而形成一个个旋涡。流体的粘滞性对旋涡的产生、存在、发展具有决定性作用。旋涡发生后,涡体的旋转方向与水流同向的一侧速度较大,压强减小,相反的一侧速度较小,压强增大,致使涡体两侧存在一个压差,形成了作用于涡体的升力(或沉力)。这个力有使涡体脱离原来的流层而掺入邻近流层的趋势。由于流体粘性对于涡体的横向运动有抑制作用,只有当促使涡体横向运动的惯性力超过粘滞阻力时才会产生涡体的混掺,形成湍流。

产生波动和紊动现象的原因是水流中有横向的流速梯度存在,只有流速梯度足够大时波动的扰动状态才会演变为旋涡发生的湍流状态。

★操作要领与注意事项:层流演示时先关闭出水调节阀,调节分流管调节阀到某一较小开度后再缓慢调节出水阀开度,观察上下层流体界面,如界面清晰、平稳,流动正好处于层流状态。

9.4 实验分析与讨论

（1）为什么可以用雷诺数作为流态的判别标准？

（2）结合观察到的实验演示现象分析大风时海面上波浪滔天、水汽混掺的原因。

（3）计算方管的临界雷诺数。

第二部分

综合设计性实验

10 低速翼型绕流压力分布实验

10.1 实验目的

（1）掌握测定物体表面压力分布的方法，计算机翼升力系数和压差阻力系数；
（2）了解低速翼型绕流的流动特性。

10.2 实验原理

本实验在 HG-1 低速风洞中进行。当气流绕过展弦比很大的巨型机翼时，其中间部分的流动可当作二维流动来看待。流体在前驻点处上下分开，从机翼的上下表面向后流去，当迎角为正时作用在下表面的压力要比作用在上表面的压力大，且当正迎角不是很小时作用在下表面的压力要比未受扰动时的压力大，从而在下表面形成受压面，而上表面则主要受到负压作用，这个压力低于来流压力，从而在上表面形成吸力面，上下表面的压力差就形成了机翼的升力。翼型表面上各点的压强可通过机翼模型各点的测压孔由连通管接到多管压力计上测量，根据液柱差可算出压强：$p_i = \gamma \Delta h_i$。

无因次的压强系数一般表示为

$$C_p = \frac{p_i - p_\infty}{\frac{1}{2}\rho v_\infty^2} \tag{10.1}$$

作用在机翼单位展长上的法向力 R_y 和弦向力（压差阻力）R_x 可由翼型表面上作用的压力合力求得，即

$$R_y = \oint dR_y = \int_0^b (p_L - p_U) dX \tag{10.2}$$

$$R_x = \oint dR_x = \int_{ylmax}^{yumax} (p_F - p_B) dY \tag{10.3}$$

无量纲的法向力系数 C_N 和弦向力系数 C_A 表示如下：

$$C_N = \int_0^1 (C_{pL} - C_{pU}) d\bar{X} \tag{10.4}$$

$$C_A = \int_{Y_L}^{Y_U} (C_{pF} - C_{pB}) d\bar{Y} \tag{10.5}$$

式中：$\bar{X}, \bar{Y}$——无量纲化后的坐标，且 $\bar{X} = \frac{X}{b}$，$\bar{Y} = \frac{Y}{b}$；

C_{pU}, C_{pL}——翼型上、下表面压强系数；

C_{pF}，C_{pB}——翼型前、后表面压强系数；

Y_U，Y_L——最高点与最低点坐标，为无量纲化后的坐标，且 $Y_U = \dfrac{yumax}{b}$，$Y_L = \dfrac{ylmax}{b}$。

当迎角不为零时，升力 L 是合力 R^A 在垂直于气流方向上的分量，阻力 D 是合力 R^A 在平行于气流方向上的分量。力的分解如图 10.1 所示。由体轴系到风轴系的坐标转换公式，可得

$$L = R_y \cos\alpha - R_x \sin\alpha \tag{10.6}$$

$$D = R_y \sin\alpha + R_x \cos\alpha \tag{10.7}$$

所以有

$$C_L = C_N \cos\alpha - C_A \sin\alpha \tag{10.8}$$

$$C_D = C_N \sin\alpha + C_A \cos\alpha \tag{10.9}$$

式中：L，D——升力和阻力；

　　　C_L，C_D——升力系数和阻力系数；

　　　α——模型攻角。

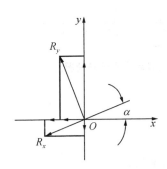

图 10.1　体轴系与风轴系之间的坐标转换示意图

图 10.2　实验装置图

10.3　实验仪器设备及实验模型

1）实验仪器设备

本实验仪器设备主要包括 HG－1 低速风洞及测控系统、大气压计、温度计、多管压力计及实验模型。实验装置如图 10.2 所示。

2）实验模型

实验模型为 NACA 6321 翼型（如图 10.3 所示）。该翼型的基本几何特性如下：相对弯度 $\bar{f}\left(=\dfrac{f}{b} \times 100\%\right)$ 为 6%，最大弯度点离开前缘的相对距离 $\bar{x}_f\left(=\dfrac{x_f}{b} \times 100\%\right)$ 为 30%，相对厚度 $\bar{c}\left(=\dfrac{c}{b} \times 100\%\right)$ 为 21%。

实验模型弦长 $b=150$ mm，展长 $l=700$ mm，实验模型翼弦方向与来流方向之间夹角即为迎角 α。在机翼的中间剖面上，沿翼弦方向在上下表面各开有 12 个测压孔，在前缘开有 1 个孔，测压孔与机翼表面垂直，各测压孔位置如图 10.3 所示，相对坐标见表 10.1 和表 10.2。各测压孔依次连接到多管压力计上，多管压力计的工作介质为水（$\gamma=9796$ N/m³）。多管压力计共有 26 根测压管，前面 25 根用于测量模型表面静压，第 26 根测压管与外界连通。由于此风洞为开口式风洞，来流静压就是大气压，于是，如果第 i 根测压管液柱比第 26 根测压管液柱高 Δh_i，则表明测到的压力 p_i 是负值，且 $p_i-p_\infty=-\gamma\Delta h_i\sin\beta$；如果第 i 根测压管液柱比第 26 根测压管液柱低 Δh_i，则表明测到的压力 p_i 是正值，且 $p_i-p_\infty=\gamma\Delta h_i\sin\beta$。

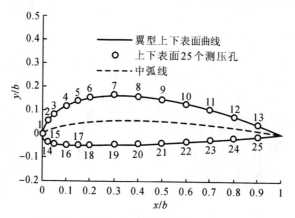

图 10.3　NACA 6321 翼型及测压孔分布情况

10.4　实验方法与步骤

（1）仔细检查各测压管路是否畅通以及是否漏气；

（2）调整机翼模型的迎角 α 为指定值，调节多管压力计倾斜角 β；

（3）记录大气压强和温度及各测压管液面初读数；

（4）按照风洞操作规程启动风洞进行实验，在达到指定风速 v_∞ 后记录各测压管末读数；

（5）调节机翼的迎角 α，再次记录数据，直到各迎角下数据均记录完毕；

（6）缓慢增大迎角，观看机翼失速时的压力分布的变化；

（7）风洞停车，实验完毕，整理实验数据，绘制 C_p-$\overline{X}$ 和 C_p-$\overline{Y}$ 曲线，计算升力系数 C_L 和阻力系数 C_D，并绘制 C_L-α 和 C_D-α 曲线。

★**操作要领与注意事项**：① HG-1 号低速风洞是贵重仪器设备，未经教师指导不得随意移动或操作，以免损坏设备或引发安全事故；② 风洞运行时噪声较大，要适当采取保护措施；③ 快速准确记录每组数据，减短风洞运行时间，节省能耗。

10.5　实验数据处理

设第 i 根测压管的初读数为 l_{i0},末读数为 l_{ie},则液柱升高 $l_{ie}-l_{i0}$。液柱升高表明该测压点压力下降,所以有

$$p_i-p_\infty=\gamma\Delta h_i\sin\beta=\gamma\left[(l_e-l_0)-(l_{ie}-l_{i0})\right]\sin\beta \tag{10.10}$$

式中:p_i,p_∞——第 i 根测压孔的静压和来流静压;

　　　γ——介质重度;

　　　l_0,l_e——第 26 根测压管初读数和末读数;

　　　β——多管压力计的倾斜角度。

因此,机翼表面各点的压强系数为

$$C_{\mathrm{p}}=\frac{p_i-p_\infty}{\frac{1}{2}\rho v_\infty^2}=\frac{\gamma\left[(l_e-l_0)-(l_{ie}-l_{i0})\right]\sin\beta}{\frac{1}{2}\rho v_\infty^2} \tag{10.11}$$

前缘测压点对应第 1 根测压管,由于后缘无测压点,可根据附近若干点压强系数外推出该点压强系数。

表 10.1　NACA 6321 翼型上表面测压孔相对坐标

测压孔	1	2	3	4	5	6	7
$\overline{X}$	0	0.025	0.05	0.1	0.15	0.2	0.3
$\overline{Y}$	0	0.055	0.080	0.115	0.138	0.154	0.165
测压孔	8	9	10	11	12	13	—
$\overline{X}$	0.4	0.5	0.6	0.7	0.8	0.9	—
$\overline{Y}$	0.160	0.148	0.129	0.105	0.075	0.041	—

表 10.2　NACA 6321 翼型下表面测压孔相对坐标

测压孔	1	14	15	16	17	18	19
$\overline{X}$	0	0.025	0.05	0.1	0.15	0.2	0.3
$\overline{Y}$	0	-0.036	-0.044	-0.049	-0.049	-0.047	-0.045
测压孔	20	21	22	23	24	25	—
$\overline{X}$	0.4	0.5	0.6	0.7	0.8	0.9	—
$\overline{Y}$	-0.043	-0.038	-0.031	-0.024	-0.017	-0.009	—

(1)已知数据

翼型型号:NACA 6321,模型弦长 $b=150$ mm,展长 $l=700$ mm。

(2)记录实验条件数据

大气压强 $p_a=$＿＿＿＿＿ kPa,$t=$＿＿＿＿＿ ℃,$\gamma=9796$ N/m³,多管压力计的倾斜角度 $\beta=26°$,大气密度 $\rho=\dfrac{p_a}{RT_a}=$＿＿＿＿＿ kg/m³。

（3）记录不同迎角下各测压管读数（l_0，l_e 单位：$\times 10^{-2}$m），计算各测压孔的静压与来流的静压差 Δh_i（单位：$\times 10^{-2}$ m），从而计算出各测压点压强系数。将以上数据记录到表 10.3 和表 10.4 中。

表 10.3　低速翼型绕流压力分布实验数据表（来流风速 $v_\infty =$ _____ m/s）

i		l_0	迎角 $\alpha=$ °			迎角 $\alpha=$ °		
			l_e	Δh_i	C_p	l_e	Δh_i	C_p
前缘	1							
上表面测压点	2							
	3							
	4							
	5							
	6							
	7							
	8							
	9							
	10							
	11							
	12							
	13							
下表面测压点	14							
	15							
	16							
	17							
	18							
	19							
	20							
	21							
	22							
	23							
	24							
	25							
大气压连通管	26							

表 10.4 低速翼型绕流压力分布实验数据表(来流风速 $v_\infty =$ _____ m/s)

i		l_0	迎角 $\alpha =$ °			迎角 $\alpha =$ °		
			l_e	Δh_i	C_p	l_e	Δh_i	C_p
前缘	1							
上表面测压点	2							
	3							
	4							
	5							
	6							
	7							
	8							
	9							
	10							
	11							
	12							
	13							
下表面测压点	14							
	15							
	16							
	17							
	18							
	19							
	20							
	21							
	22							
	23							
	24							
	25							
大气压连通管	26							

（4）以压强系数 C_p 为纵坐标，$\bar{X}=\dfrac{X}{b}$ 为横坐标作不同迎角下的压强系数分布图；以压强系数 C_p 为横坐标，$\bar{Y}=\dfrac{Y}{b}$ 为纵坐标作不同迎角下的压强系数分布图。作图时应根据上下翼面靠近前缘和后缘的若干点的 C_p 值外推出前缘和后缘的 C_p，从而画成一条封闭曲线。

（5）计算法向力系数 C_N 和弦向力系数 C_A，以及风轴系气动力系数——阻力系数 C_D 和升力系数 C_L。

（6）绘制升力系数 C_L 与迎角 α 的曲线图及阻力系数 C_D 与迎角 α 的曲线图。

10.6　实验分析与讨论

（1）在压强系数分布图上是否必有 $C_p = 1$ 的测压点？为什么？是否有 $C_p > 1$ 的测压点？

（2）升力系数 C_L 随迎角 α 是否呈线性变化？如果是，其斜率是多少？

11 风向风速测量与设计实验

11.1 实验目的

(1)掌握风向风速测量方法及测量原理,学会使用数字风向风速表等测量仪器测定风向及风速;

(2)针对不同速度场设计相应的测量方案。

11.2 实验仪器设备及实验原理

1)实验仪器设备

本实验仪器设备主要包括 HG-1 低速风洞及测控系统、数字压力风速仪、数字风向风速表。图 11.1 所示为 HG-1 低速风洞,用于产生低速气流;图 11.2 所示为 XDE-I 型数字风向风速表。

图 11.1 HG-1 低速风洞   图 11.2 XDE-I 型数字风向风速表

HG-1 低速风洞是一座回流式低速风洞,气流速度最高 60 m/s,实验段大小为 700 mm (宽)×700 mm(高)。数字压力风速仪是用于测量气流总压、静压及压差和风速的多功能测试仪,该仪器必须和皮托管探头配套使用。XDE-I 型数字风向风速表是手持式风向风速测试仪,由风向风速感应器、数据处理与显示仪表两部分组成,其技术指标如下:

(1)风向

① 测量范围:0~360°;

② 准确度:±5°;

③ 分辨力:3°;

④ 启动风速:≤0.5 m/s。

（2）风速

① 测量范围:0～60 m/s;

② 准确度:±(0.5+0.03v) m/s,其中 v 为实际风速;

③ 分辨力:0.1 m/s;

④ 启动风速:≤0.5 m/s。

2）实验原理

风向、风速传感器所感应的不同物理量,经过相应的电路,转换成标准的电压模拟量和数字量,然后由数据采集器 CPU 按时序采集、计算,得出风向、风速的实时值,并实时显示。

风向传感器实验原理如下:选用单叶式风向标传感器(见图 11.3)作为风向测定传感器,采用七位格雷码的编码方式进行光电转换,将轴角位移转换为数字信号,经采集器 CPU 根据相应公式解算处理得到相应的风向值。

风速传感器工作原理如下:采用三杯回转架式风速传感器(见图 11.4)作为风速测定传感器,利用光电脉冲原理,风杯带动码盘转动,光敏元件受光照后输出脉冲,经采集器 CPU 根据相应的风速计算公式解算处理获得相应风速值。

图 11.3　单叶式风向标传感器

图 11.4　三杯回转架式风速传感器

11.3　实验方法与步骤

（1）风洞运行,将风速调至 10 m/s 左右;

（2）把皮托管的总压测压软管及静压测压软管和数字压力风速仪对应接口连接;

（3）将数字压力风速仪电源打开,按功能键使面板切换到压力和速度显示界面;

（4）将皮托管安装在支架上,使总压管开孔方向与来流方向一致;

（5）用数字压力风速仪测量试验段出口气流总压和风速;

（6）将 XDE-Ⅰ型数字风向风速表的数据采集、处理与显示部件与风速风向感应部件连接,并把感应部件伸到来流中测定来流速度和方向(要求三个风杯处于同一水平面上);

（7）改变风洞来流速度,重复步骤(5)和(6)再测定几组数据;

（8）实验结束,关闭风洞。

室外有风时,可手持数字风向风速表到室外测定某处风向和风速。针对不同环境下速度场设计相应测量方案进行实验,如自然风、台风、高温气流的速度测量。

★操作要领与注意事项:① 皮托管应对准来流,其轴线与来流方向一致;② 手持数字风向风速表测量时务必保持垂直并握紧不动。

11.4 实验数据处理

将实测数据记录在表 11.1 中。

表 11.1 风向风速测量与设计实验数据表

序号	数字压力风速仪		数字风向风速表	
	总压(Pa)	风速(m/s)	风向	风速(m/s)
1				
2				
3				
4				

11.5 实验分析与讨论

(1) 数字压力风速仪和数字风向风速表测定的风速是否相同?为什么?

(2) 请简述风向风速测量中还有哪些测量方法,并设计不同测量方案进行对比分析。

12 风力机叶片气动载荷测量实验

12.1 实验目的

(1) 掌握表征风力机性能的各项参数,了解风能利用系数各项的含义;

(2) 学会利用空气动力学理论知识设计气动性能优良的风力机翼型叶片并进行气动性能测试。

12.2 实验原理与实验装置

风力发电机是通过风轮叶片汲取风能,进而将机械能转化为电能的装置。风轮叶片是风力发电机能量转化的关键动力部件,其气动性能是风力机最为关键的设计参数之一,因此设计良好气动性能的叶片十分重要。

1) 风力机分类及几何参数

风力机种类较多,最主要的分类方法有两种:一种是按照风力机风轮转轴与风向的位置分为水平轴风力机与垂直轴风力机,另一种是按照风力机叶片的工作原理分为升力型风力机和阻力型风力机。水平轴升力型风力机是主流机型。

影响风力机空气动力特性的几何参数如下:

(1) 叶片参数

叶片参数包括叶片翼型、叶片长度、叶片面积、叶片扭角。风力机叶片翼型及叶片气动外形的设计理论是决定风力机功率特性和气动载荷特性的根本因素。

(2) 风轮参数

风轮参数包括叶片数、风轮直径、风轮中心高、风轮扫掠面积、风轮锥角、风轮仰角、风轮偏航角、风轮实度等。风轮参数的设计影响到风力机输出转矩、风轮功率等。

2) 风力机性能评价参数

风力机的基本功能是利用风轮接收风能,并将其转换成机械能,再由风轮轴将它输送出去。风力机的基本工作原理是利用空气流经风轮叶片产生的升力或阻力推动叶片转动,将风能转化为机械能。评价风力机的性能参数主要有风能利用系数(功率系数)、力矩系数、推力系数和尖速比等。

(1) 风能利用系数

当风速为 v 吹向风轮时,它所具有的功率为

$$E = \frac{1}{2}\dot{m}v^2 = \frac{1}{2}\rho A v^3 \tag{12.1}$$

式中:E——某风速时风所具有的功率;

　　　$\dot{m}$——空气质量流量;

　　　v——风速;

　　　ρ——空气密度;

　　　A——风轮扫掠面积。

这些能量不可能全被风轮所捕获而转化为机械能。风力机实际可获得的功率 P 与最大可获得的功率 E 之比称为风能利用系数(功率系数)C_P,即

$$C_P = \frac{P}{E} = \frac{P}{\frac{1}{2}\rho A v^3} \tag{12.2}$$

式中:C_P——功率系数;

　　　P——风力机实际获得的功率。

(2)力矩系数

使风力机旋转的转矩(旋转力)称为力矩 M,C_M 称为力矩系数。力矩系数是衡量在风所产生的旋转力中,风力机到底能从中获得多少可以作为力矩来利用的性能评价指标,其有如下公式:

$$C_M = \frac{M}{\frac{1}{2}\rho A v^2 R} \tag{12.3}$$

式中:C_M——风轮旋转的力矩系数;

　　　M——风轮力矩;

　　　R——风轮半径。

(3)推力系数

风向后推风力机的力称为推力 T,C_T 为推力系数。推力系数是衡量在由风所产生的力中有多少是作为将风力机向后推的推力来作用的性能评价指标,其有如下公式:

$$C_T = \frac{T}{\frac{1}{2}\rho A v^2} \tag{12.4}$$

式中:C_T——推力系数;

　　　T——风向后推风力机的力。

(4)最大风能利用系数

利用流体力学的基本理论可以推导出升力型风力机能够从风中获得的理论最大功率系数 $C_{Pmax}=0.593$,这里 0.593 就是最大风能利用系数,又称贝茨极限。这说明风力机从风中所获能量的最高效率不会超过 60%。

3)实验装置

风力机风轮通过锥面配合固定到测力传感器即风洞天平上,风力机在气流作用下受到的转矩和推力会传递到风洞天平。因此,通过风洞天平可测试风力机在气流作用下的力矩

和推力。

实验前对风洞天平进行校准,实验时测量天平各分量输出信号变化量 ΔU,根据校准公式计算得到各分量力和力矩。

4）翼型叶片设计

风力机的效率主要是由叶片决定的,故设计气动性能良好的风力机叶片极为重要。目前国内外专家利用不同设计方法设计出各种厚度风力机翼型,针对形状复杂的风力机翼型及叶片展开了具有普遍意义的研究工作。设计并加工出新叶片后,通过风洞天平可以测试不同翼型叶片的气动性能参数,如风轮旋转的力矩系数 C_M 和推力系数 C_T 等。

12.3   实验方法与步骤

将不同叶片安装到风洞天平上,测试不同翼型叶片产生的力矩与推力,得到风力机力矩系数与推力系数。将数据记录到表 12.1 中。

表 12.1   风力机叶片气动载荷测量实验数据表($v=$ ____ m/s)

叶片型号	力矩系数			推力系数		
	U_M (mV)	M (N·m)	C_M	U_T (mV)	T (N)	C_T
1#叶片						
2#叶片						

注:U_M 为风洞天平滚转力矩单元电压输出变化量,M 为使风力机旋转的转矩,C_M 为风力机力矩系数;U_T 为风洞天平阻力单元电压输出变化量,T 为风向后推风力机的力,C_T 为风力机推力系数。

12.4   实验分析与讨论

（1）风力机力矩系数与风能利用系数之间有何关联?

（2）如何实现风力机力矩和推力的测试?

13 风洞实验原理与气流参数测量实验

13.1 实验目的

（1）了解风洞的构造和作用、风洞实验的过程和风洞实验的原理；

（2）综合运用空气动力学知识、测控技术分析超音速稳定流场建立过程和必备条件，了解风洞测控原理及常用的风洞测控仪器和作用；

（3）掌握气流参数测量的原理与测试技术。

13.2 实验仪器设备及实验原理

风洞是一种按一定要求设计的管道，在这个特殊的管道中，借助于动力装置产生可以调节的气流，实验段中能够模拟飞行器实物在大气中飞行情况。风洞实验的目的是研究飞行器在空气中运动时的气流参数变化规律和相互作用力、力矩等。风洞作为一套完整的空气动力实验设备，其构造是较为复杂的。按照风洞实验段气流速度的大小，风洞一般可分为低速风洞（$M \leqslant 0.4$）、亚音速风洞（$0.4 < M \leqslant 0.8$）、跨音速风洞（$0.8 < M \leqslant 1.4$）、超音速风洞（$1.4 < M \leqslant 5.0$）、高超音速风洞（$5.0 < M \leqslant 10$）、极高速风洞（$M > 10$）。其中，除低速风洞以外的风洞又泛称为高速风洞。实验段气流马赫数不同，风洞的工作原理也不同，其组成结构也有区别。现以南京理工大学 HG‐4 超音速风洞和 HG‐1 低速风洞为例，介绍高速风洞及低速风洞的结构及其工作原理。

1）超音速风洞

HG‐4 超音速风洞为暂冲吹气式闭口亚、跨、超音速风洞，它的实验段横截面积为 0.3 m×0.3 m，实验段长为 0.6 m。该风洞的速度范围为马赫数 0.5～4.5。图 13.1 所示为 HG‐4 超音速风洞洞体部分，该风洞主要由以下几部分组成（结构如图 13.2 所示）：

图 13.1　HG‐4 超音速风洞

（1）气源系统：由大型空气压缩机、空气净化设备和储气罐组成，提供清洁干燥的高压空气。

（2）风洞洞体：由高压管道、紧闭阀、快速阀、调压阀、扩张段、稳定段、收缩段、喷管、实验段、超音速扩压段、亚音速扩压段等组成。其中在喷管段安装有拉瓦尔喷管，它的功用是产生超音速气流，气流马赫数取决于拉瓦尔喷管出口横截面积与喷管喉部横截面积之比。

因此,要获得不同超音速气流马赫数,必须使用面积比不同的喷管。把按一定缩比制作的实验模型安装在实验段中就可以进行飞行器模拟实验,如通过风洞天平测试模型受力情况、测量模型表面压强分布等。

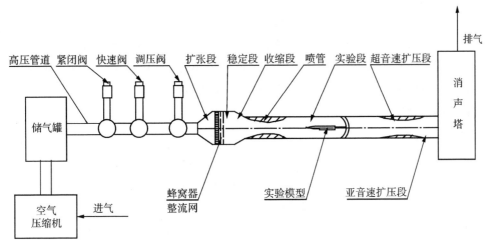

图 13.2 HG‑4 超声速风洞结构简图

(3) 控制系统:主要指控制气流马赫数和改变模型姿态。气流马赫数通过调节调压阀开度进行控制,模型姿态通过攻角机构进行控制。

(4) 测量系统:包括测量系统参数(如总压、静压等),测量模型受力(如阻力、升力、俯仰力矩等)及模型转速,以及流场纹影显示及摄影等;

(5) 消音系统:气流经超音速扩压段和亚音速扩压段后,气流速度降低、静压提高,最后经消声塔降低噪音后排出消声塔外。

实验过程:通过空气压缩机先把空气压缩后送入储气罐储存起来(HG‑4 超音速风洞实验时储气罐压力要求达到 8 MPa),而后压缩空气经高压管道传送到风洞紧闭阀;实验时先将调压阀阀门打开至某一预定位置,再开启紧闭阀并完全打开,然后开启快速阀,压缩空气经稳定段至喷管;不断调整调压阀阀门位置来控制前室总压,使总压稳定在某一给定值,实验段获得所需超音速流场,待稳定后测量系统开始工作;最后气流经扩压段扩压,再经消声塔排出。

超音速流场建立必须满足两个基本条件:一是要有收缩-扩张型喷管即拉瓦尔喷管,不同马赫数要求改变喷管喉部与喷管出口截面之间的面积比;二是稳定段压强与扩压段出口的压强之比要足够大,以克服气流经风洞的能量损失(有摩擦损失、分离损失、排气损失和激波损失等,其中激波损失是超音速风洞中气流损失的重要部分),并使超音速气流保持稳定。超音速风洞的压强比 $\varepsilon = p_0/p'_{0c}$,即实验段气流总压 p_0 与扩压段出口气流的总压 p'_{0c} 之比。对于吹气式风洞,p_0 即为稳定段气流总压,p'_{0c} 即为洞外大气压强。

2) 超音速风洞气流速度测量原理

超音速风洞的流动马赫数 M 可由绝热等熵关系式求得。绝热等熵关系式为

$$p_0 = p\left(1 + \frac{\gamma-1}{2}M^2\right)^{\frac{\gamma}{\gamma-1}} \tag{13.1}$$

式中：p_0——滞止压力即总压(Pa)；

p——静压(Pa)；

γ——比热比，对于空气 γ 值为 1.4；

M——马赫数，即来流速度与音速之比($M=v/a$，其中 v 是来流速度，a 是音速)。

超音速风洞实验中，在风洞的稳定段气流速度很小，p_0 就用稳定段内的总压来代替；p 采自实验段侧壁面上的压力，由附面层理论可知沿附面层法向静压 p 没有变化，该处的压力就是实验段内的静压。

3）低速风洞

低速风洞的动力由风机提供，风速可通过调整风机的转速来调节。低速风洞有稳定段、实验段和扩压段，没有喷管。为了节约能源和降低噪音，低速风洞常做成回流式的。

南京理工大学 HG-1 风洞(如第 11 章中图 11.1 所示)是一座开口回流式低速风洞，它的实验段尺寸为 700 mm×700 mm，气流最高速度可达 60 m/s。在实验段安装实验模型可进行测力实验、测压实验、流场显示与观察等模拟飞行器低速飞行时的空气动力学实验，以及进行车辆、舰船等的风阻研究，建筑物和结构物的风载、风振研究，风能利用研究等。

4）风洞用途

风洞用来模拟飞行器在空中飞行的情况，通过风洞实验，可以得到飞行器在空中飞行时受到的阻力、升力、侧力、俯仰力矩、偏航力矩、滚转力矩等数据，为飞行器气动外形设计提供依据，因此，风洞是飞机、弹箭等飞行器气动布局与设计不可或缺的大型科研设备，为国家武器研制等起到非常重要的作用。低速风洞在民用方面应用也非常广泛，可用于高铁、汽车、桥梁、建筑、风力发电机等民用设施的风阻及强度测试研究，也可用于飞机起飞和降落时气动特性研究等。

5）常用仪器与气流参数测量

风洞的常用仪器有压力传感器、温度传感器、热线风速仪、PIV 仪、数字压力风速仪、数字风向风速表、皮托管和风洞天平。

压力传感器和温度传感器是监测风洞流场必不可少的仪器；而风洞天平则是用来测量实验模型在风洞中受力情况的一种多元传感器，它是通过受力产生形变，给出形变电信号经换算求出受力的一种精密仪器，可测量模型受到的阻力、升力、侧力、俯仰力矩、滚转力矩、偏航力矩。

高速风洞来流速度测量主要是通过测量总压和静压实现的。皮托管安装在稳定段，测试来流总压，而静压则在实验段进行测量。

数字压力风速仪和数字风向风速表是用于测量低速风洞气流总压、气流速度和气流方向的测试仪器。数字压力风速仪通过皮托管测试气流总压与静压，经计算得出气流速度；而数字风向风速表通过风向传感器测试气流方向，通过风速传感器测量风速。

　　热线风速仪的主要用途,一是测量平均流动的速度和方向;二是测量来流的脉动速度及其频谱。其原理是将一根通电加热的细金属丝(称热线)置于气流中,热线在气流中的散热量与流速有关,散热量导致热线温度变化而引起电阻变化,流速信号即转变成电信号。

　　PIV 又称粒子图像测速法,是 20 世纪 70 年代末发展起来的一种瞬态、多点、无接触式的流体力学测速方法。近几十年来 PIV 得到了不断完善与发展,该方法克服了单点测速技术(如 LDA)的局限性,能在同一瞬态记录下大量空间点上的速度分布信息,并可提供丰富的流场空间结构以及流动特性。

13.3　实验分析与讨论

(1) 超音速流场是如何建立的?

(2) 建立稳定的超音速流场必须满足哪些基本条件?

(3) 高速风洞如何测得来流马赫数和模型气动力? 风洞测控系统由哪几部分组成?

(4) 如何测量高速风洞与低速风洞气流速度(马赫数)?

(5) 阐述风洞的作用及用途。

14 超音速弹丸测力实验

14.1 实验目的

(1) 了解测力实验原理和所用仪器的作用;
(2) 学会处理风洞实验数据以及分析弹箭气动特性。

14.2 实验仪器设备和作用

超音速弹丸测力实验所用仪器设备以及作用如下:

(1) 超音速风洞:建立实验所要模拟的超音速流场。

(2) PXI 总线控制系统:控制气流马赫数和模型的姿态。

(3) 风洞天平:测量模型在各种姿态下所受的气动力。图 14.1 所示为六分量内式风洞天平照片,图 14.2 所示为实验模型。

图 14.1 六分量内式风洞天平

图 14.2 实验模型

(4) 压力传感器:测量风洞中的前室总压和实验段静压,用来计算超音速风洞的马赫数。

(5) PXI 总线数据采集系统:由计算机及 PXI 机箱、信号调理模块、数据采集卡等组成,采集天平、传感器的电信号并进行处理。

14.3 实验原理

1) 超音速风洞的测力原理

实验前先对风洞天平进行校准。风洞实验时,气流作用在模型上的力传递到风洞天平测力传感器,测量天平各分量的输出信号变化量 ΔU,再根据校准公式计算得到各分量力和力矩,从而得到模型气动参数。

2）天平公式（对应型号：**南理工Φ14A型风洞天平**）

$$Y=23.9013(\Delta U_2-\Delta U_1)+0.08162M_z+0.2977M_x-0.0343Z+1.2873M_y$$
$$-0.00001944XY+0.0004537XM_z-0.000327YM_z$$

$$M_z=0.9652(\Delta U_2+\Delta U_1)-0.0003201Y+0.000635X+0.0078478M_x$$
$$-0.0021415Z+0.029447M_y+0.00002513XM_z$$

$$X=22.742(\Delta U_3)-0.18377Y+0.00001752Y^2+0.15095M_z+0.000817M_z^2$$
$$-2.8777M_x-0.10357M_x^2+0.0145Z-1.5518M_y-0.00043YM_z$$
$$-0.00002405XY-0.08891M_xM_y+0.000296XM_y+0.002015ZM_y$$

$$M_x=0.619938(\Delta U_4)-0.0001187Y+0.0018437M_z+0.0000394X$$
$$-0.00021495Z+0.027656M_y+0.00000057XY-0.00000572XM_z$$
$$-0.0000932XM_x+0.000002824YM_z+0.00001324YM_x$$

$$Z=11.5677(\Delta U_5-\Delta U_6)-0.0004473Y+0.008558M_z-0.00201X-0.4939M_x$$
$$+0.031816M_y-0.00004XZ-0.00056XM_y$$

$$M_y=0.461286(\Delta U_5+\Delta U_6)-0.00004Y+0.000291M_z+0.0006568X$$
$$+0.02198M_x+0.0006533Z+0.000038XM_y$$

以上每个公式的首项是主项，其余是干扰项，且

$\Delta U_2-\Delta U_1$——法向力 Y 单元电压输出变化量；

$\Delta U_2+\Delta U_1$——俯仰力矩 M_z 单元电压输出变化量；

ΔU_3——轴向力 X 单元电压输出变化量；

ΔU_4——滚转力矩 M_x 单元电压输出变化量；

$\Delta U_5-\Delta U_6$——侧向力 Z 单元电压输出变化量；

$\Delta U_5+\Delta U_6$——偏航力矩 M_y 单元电压输出变化量。

3）计算风轴系气动参数

风洞天平测量的是模型体轴系下的气动力数据，经坐标系转换后可得到风轴系下气动力和力矩，并可计算出风轴系下气动力系数和力矩系数。

阻力系数 $\qquad\qquad C_D=\dfrac{D}{qS}$

升力系数 $\qquad\qquad C_L=\dfrac{L}{qS}$

俯仰力矩系数 $\qquad\quad C_m=\dfrac{M_z}{qSl}$

滚转力矩系数 $\qquad\quad C_l=\dfrac{M_x}{qSd}$

侧力系数 $\qquad\qquad C_C=\dfrac{Z}{qS}$

偏航力矩系数 $\qquad\quad C_n=\dfrac{M_y}{qSl}$

压心系数 $\qquad \overline{X}_{cp} = \left(X_G - \dfrac{M_z}{Y}\right)\Big/ l$

式中:q——动压头,且 $q = \dfrac{1}{2}\rho v^2 = \dfrac{1}{2}\gamma p M^2$;

$\qquad S$——模型参考面积;

$\qquad l$——模型参考长度;

$\qquad d$——模型参考直径;

$\qquad X_G$——模型重心。

14.4 实验方法与步骤

(1) 在教师指导下将模型安装到实验段风洞天平上,并装好观察窗;

(2) 检查设备情况,然后集中到监控室,准备实验;

(3) 由风洞设备专任管理与操作人员启动风洞运行,观察风洞运行情况;

(4) 记录风洞运行数据和实验测力数据。

★操作要领与注意事项:① 模型安装必须在教师指导下进行,不得触碰风洞天平;② 实验时噪声较大,注意做好防护工作;③ 实验期间注意安全,不得随意走动并保持安静。

14.5 实验结果与分析

根据实验数据分析某型弹箭气动特性,分析其阻力系数、升力系数、俯仰力矩系数、滚转力矩系数及压心系数随攻角变化规律,并计算升力线斜率和俯仰力矩斜率。

15 超音速流场显示技术与参数测试实验
(超音速弹丸激波实验)

15.1 实验目的

(1) 了解流体流动超音速流场的形成和构造,巩固课堂所学流体力学理论知识;

(2) 测试激波倾角等参数,计算波后气流参数,了解波后参数的变化;

(3) 了解纹影法工作原理,掌握纹影法流场显示技术。

15.2 超音速旋成体流动结构简图与波系的形成和特性

旋成体弹箭在超音速流场中形成的激波和膨胀波如图 15.1 所示。从图中可以看出,超音速气流绕物体流动时在头部和尾部产生了激波,在弹圆柱部与弹身结合部及尾部产生了膨胀波。激波和膨胀波的形成和特性如下:

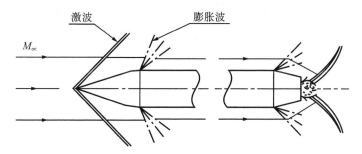

图 15.1 旋成体弹箭在超音速流场中形成的激波和膨胀波示意图

(1) 膨胀波:超音速气流流经由微小外折角所引起的微弱扰动波即膨胀波。气流每经过一道膨胀波,马赫数都有所增加,压强减小。定常直匀超音速气流绕外凸壁流动时,在壁面折转处必定产生一扇形膨胀波系。气流穿过膨胀波系时气流参数会发生连续变化(速度增大,压强、温度、密度相应减小),但在同一条膨胀波上所有参数都保持不变。

(2) 激波:超音速气流流经向内凹折转角时产生一道微弱扰动压缩波,无限多条微压缩波系重叠在一起形成的强压缩波即激波。超音速气流流过激波,气流中部分动能不可逆转地转变为热能而损失掉,因而产生一种超音速气流所特有的阻力损失,称为波阻。

激波类型与模型头部形状有关系。激波有三种类型:一种是正激波,激波面与来流方向垂直,气流经过正激波后不改变来流方向;另一种是斜激波,激波面与来流方向不垂直,气流经过斜激波后改变来流方向;第三种是曲线脱体激波,是由正激波和斜激波系组成的。

15.3　纹影法的基本原理及实验仪器

　　本实验所用纹影仪由光源、凸透镜(或反射镜)、刀口和成像设备组成,其工作原理是在双反射镜或双透镜纹影仪中设置刀口,把光线受流场的扰动变为记录平面上的光强分布。采用双反射镜系统的纹影仪光路如图 15.2 所示。

　　光线经凸透镜照在狭缝(用刀口 1 可调节狭缝大小)上射出,其位置正好位于第一面反射镜的焦点上,光线经凹面反射镜形成平行光,透过实验段(两侧均为光学玻璃),再经凹面反射镜将光线聚焦于刀口 2。刀口 2 位于第二面反射镜的焦点处,挡住造成细缝像的光线。当实验段内有激波或膨胀波时会产生气流密度变化而使光线折转一小角度,按密度梯度的方向不同,通过实验段某一点的折射方向也不同,造成刀口 2 处被挡的光线有多有少,进而在成像设备屏幕上形成反映流动过程的图像。

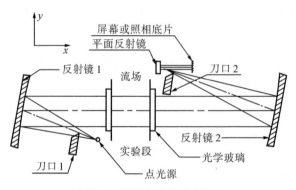

图 15.2　双反射纹影仪光路图

15.4　实验方法与步骤

　　(1) 打开纹影仪光源,调试仪器,从单反照相机液晶屏上观察到清晰的纹影图像;
　　(2) 开启风洞建立超音速流场;
　　(3) 打开摄像机或照相机,拍摄流场建立过程及流场图像;
　　(4) 更换不同头部,观察激波类型,测试和计算激波倾角等参数。

★操作要领与注意事项:① 风洞是大型贵重仪器设备,未经教师指导不得随意移动、触碰;② 出于安全考虑,风洞运行期间学生应在控制间了解风洞运行情况,观察流场建立过程和流场波系结构。

15.5　实验分析与讨论

(1) 简述纹影仪拍摄超音速流场的原理。

(2) 超音速流场中有哪些波系? 为什么形成这些波系? 分析图 15.3 和图 15.4 中流场波系结构。

(3) 根据图 15.3~15.5 所示来流马赫数 M_1(马赫数是指流场中某点的相对速度和该点的当地音速之比)分别计算不同头部形状的激波倾角 β, 并从斜激波气流参数表中查出对应的波后马赫数 M_2(取弱解)。

图 15.3　某模型在马赫数 $M_1=1.5$ 时的纹影图　　图 15.4　某模型在马赫数 $M_1=2.0$ 时的纹影图

图 15.5　某模型在马赫数 $M_1=4.0$ 时的纹影图

16　风洞天平静校实验

16.1　实验目的

了解风洞天平工作原理,掌握天平校正方法,并通过天平校正求得天平公式。

16.2　实验原理与实验装置

风洞天平是风洞实验弹箭气动力测试专用精密仪器,用于测试模型在来流作用下受到的阻力、升力、侧向力及力矩。风洞测力实验前必须进行标定,得到天平公式。通过 VB 或其他软件编程,在天平校正架上实现风洞天平 6 个分量的数据采集与处理,并对数据进行显示、打印,得到风洞天平校准公式,从而实现风洞天平静校,为弹箭风洞实验提供风洞天平校准系数。

1)风洞天平的作用与工作原理

风洞天平是在风洞实验中用于测量作用在实验模型上的空气动力的大小、方向和作用点的装置。作用于模型上的空气动力和力矩可按一定的直角坐标系分解成几个分量(如轴向力、法向力、侧向力等),并分别传递给各个分量的测量元件,最后分别给出测量数据。风洞天平主要有机械式和电阻应变式两种型式。机械式天平主要用于低速风洞实验,电阻应变式天平则是目前最常用的风洞天平。

电阻应变式风洞天平的基本工作原理如下:用专门设计的天平元件来感受作用在模型上的空气动力,在模型受力后相应的天平元件产生相应的应变,粘贴在天平元件上的应变片将天平元件产生的应变量变换成与此成比例的电阻变化量,将应变片上粘贴的电阻丝引出后组成惠斯通电桥。

电阻应变式天平系统由天平元件、应变片、测量电路和测试系统组成。

2)电阻应变式天平的校准

电阻应变式天平在完成设计、加工、应变片粘贴和测量线路连接等工作后,在用于风洞实验前必须进行校准。校准分静校准和动校准。天平静校准就是对天平进行加载(砝码),并测量各分量输出,从而标定天平各测力分量,得到天平的使用公式、静校精度和准度。

(1)天平静校坐标系

静校坐标系有地轴系和体轴系两种。地轴系是 x 轴平行水平面,y 轴指向上方,按右手法则确定的空间直角坐标系,天平加载后会产生变形,天平轴线与水平线不重合。而采用体轴系时,每次加载后均在铅垂方向调整天平,使天平轴线始终与水平面平行。

（2）天平使用公式

天平在受力时各天平分量均有输出信号,根据输出信号大小就可以知道受力大小,而静校就是通过加载砝码得到其对应函数关系,即各对应项的系数和干扰项系数。天平每个分量受力大小等于主项系数乘以该分量输出信号变化量,再加上其他分量对该分量的干扰项系数乘以干扰项力或力矩。

一般情况下,天平使用公式为

$$F_i = K_i \Delta n_i + \sum_{\substack{j=1 \\ j \neq i}}^{6} K_i^j F_j \quad \text{（只考虑一次项干扰）} \tag{16.1}$$

式中：K_i——天平第 i 个测量元件分量的主项系数（$i=1,2,\cdots,6$）；

K_i^j——天平第 j 个测量元件分量对第 i 个测量元件分量的一阶干扰项系数。

（3）静校设备

静校设备包括天平校正架（见图 16.1）、加载机构（见图 16.2）、加载砝码和测试系统,该装置可调天平加载机构俯仰角和滚转角以保证天平处于水平状态。

图 16.1　天平校正架　　　　图 16.2　天平校正加载机构

（4）静校方法

天平静校按加载程序和数据处理方法可分为单元校和综合校两种。单元校就是在其他各分量为零或不变的条件下,对某一单元分量进行阶梯式反复加载,根据天平各分量在该分量载荷作用下的输出,求得该分量的主项系数和该分量对其余各分量的干扰项系数。综合校就是对天平进行综合加载,用最小二乘法求取天平公式系数。

（5）静校精度和准度

天平的静校精度是对某特定载荷状态多次重复加载时,用天平系统输出信号的重复性来表示。要求进行 7 次综合加载,计算重复性误差。

天平的静校准度是检验载荷组综合加载时,用天平使用公式计算求得的载荷值与实际所加砝码值的偏差来表示。

（6）弹性角测定与天平校准报告

由于天平受力后会产生弹性变形，使得模型的真实迎角和给定的名义迎角不一致，需要进行弹性角修正。弹性角测定就是在加载后测量加载装置角度变化，得到弹性角修正系数。

在完成单元校、综合校和弹性角测定后，就要给出校准报告，提供天平使用公式和弹性角修正公式，供风洞实验时使用。

16.3　实验步骤

（1）静校前的准备工作。

（2）在进行天平静校加载之前，需要进行通电检查、安装和调整并确定校准参考中心。

（3）根据天平设计载荷制定单元加载表。

（4）运行校准程序，选择某一分量进行单元校。根据加载表对该分量进行加载并采集数据，最后得到该分量主项系数和该分量对其他分量的干扰项系数。

（5）重复步骤（4），对每个分量进行单元校，求得每个分量主项系数、干扰项系数，最后得到天平使用公式。

（6）根据天平使用公式进行综合校，检验静校精度和准度。如精度和准度达不到要求，分析原因，对相关分量重复校正，直到精度和准度达到预期指标。

（7）测定弹性角，求得法向力和俯仰力矩对迎角的修正系数、侧向力和偏航力矩对侧滑角的修正系数、滚转力矩对滚转角的修正系数。

（8）校正完毕，卸载砝码及加载装置，关机。

★操作要领与注意事项：风洞天平是精密仪器，加载时应受力均衡，避免撞击和超载荷。

16.4　实验数据处理与分析

（1）设计风洞天平静校方案，选择要校准的某个分量，记录数据。

（2）根据综合校结果计算天平静校精度和准度。

（3）采用不同坐标系对天平校正结果有何影响？天平静校完毕后，如何进行天平动校准？为何要进行动校准？

第三部分

研究创新性实验

17 制导弹箭气动布局设计与气动特性分析实验

17.1 实验目的

（1）了解风洞实验原理、测力实验原理和所用仪器作用，掌握风洞实验数据处理方法；

（2）提高学生制导弹箭气动布局设计与气动特性分析能力，会分析不同舵偏角气动特性的影响。

17.2 实验仪器设备和作用

1）HG-4 超音速风洞

HG-4 超音速风洞的原理、作用、组成以及风洞实验过程详见第 13.2 节。

2）实验模型

如图 17.1 所示为鸭式布局弹箭模型。

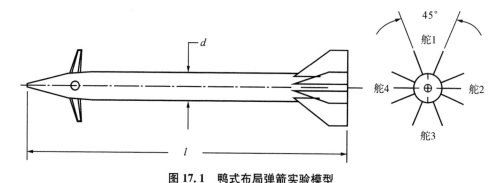

图 17.1 鸭式布局弹箭实验模型

模型参数如下：弹径 $d=27$ mm，弹长 $l=320$ mm，尾翼 8 片（均布），舵偏角 δ 可改变偏转角度（逆时针转动为正），重心位置距头部 $X_G=160$ mm。

17.3 实验原理

本实验模型是用尾支杆支撑在风洞实验段中的，在模型内部锥套中安装风洞天平，风洞天平另一端与尾支杆连接，尾支杆及风洞天平与模型内腔有一定间隙，实验时模型受力通过锥套传递给风洞天平,通过测量风洞天平传感器输出变化量 ΔU 而计算出模型受力大小。风洞天平传感器输出变化 ΔU 与其受力大小通过标定得到天平公式。

天平公式如下(对应型号为南理工 $\Phi 14B$ 型风洞天平):

$$Y = 33.05(\Delta U_2 - \Delta U_1) + 0.02239M_z - 0.3808M_x + 0.05611Z - 0.6669M_y$$
$$- 0.0000224XY + 0.00127XM_x - 0.0144M_xM_y$$

$$M_z = 1.2245(\Delta U_2 + \Delta U_1) + 0.00005051Y + 0.01912M_x + 0.0000516ZM_x$$
$$+ 0.0007789Z - 0.05503M_y + 0.00000104YX + 0.0000686XM_x$$

$$X = 29.42(\Delta U_3) + 0.2025Y + 0.00000537Y^2 - 1.7333M_z + 0.6496M_x - 0.111M_x^2$$
$$- 0.01060Z + 0.0000118Z^2 + 0.3190M_y + 0.00430M_y^2 + 0.00039YM_z$$
$$+ 0.0000196XY + 0.0760M_xM_y + 0.000978ZM_y$$

$$M_x = 0.7954(\Delta U_4) + 0.00006153Y - 0.001971M_z + 0.00003365X - 0.001895Z$$
$$- 0.04632M_y - 0.0000185YM_x - 0.0000137ZM_x$$

$$Z = 15.399(\Delta U_5 - \Delta U_6) - 0.001554Y + 0.01858M_z + 0.4688M_x - 0.02700M_y$$
$$- 0.00131YM_x - 0.0217M_zM_x - 0.0000297XZ - 0.000334XM_y$$

$$M_y = 0.616(\Delta U_5 + \Delta U_6) - 0.00006542Y + 0.000435M_yM_x + 0.0000583YM_x$$
$$+ 0.000843M_zM_x - 0.000000642XZ + 0.000113XM_y - 0.003659M_x$$
$$+ 0.0011M_z$$

以上每个公式的首项是主项系数,其余是其他单元对该单元的干扰项系数,且

$\Delta U_2 - \Delta U_1$——法向力 Y 单元电压输出变化量;

$\Delta U_2 + \Delta U_1$——俯仰力矩 M_z 单元电压输出变化量;

ΔU_3——轴向力 X 单元电压输出变化量;

ΔU_4——滚转力矩 M_x 单元电压输出变化量;

$\Delta U_5 - \Delta U_6$——侧向力 Z 单元电压输出变化量;

$\Delta U_5 + \Delta U_6$——偏航力矩 M_y 单元电压输出变化量。

由以上公式计算得到体轴系法向力 Y、俯仰力矩 M_z、轴向力 X、滚转力矩 M_x、侧向力 Z、偏航力矩 M_y。经体轴系转换至风轴系(速度坐标系),得到升力 L、阻力 D 和侧力 C。由以下公式可计算出阻力系数 C_D、升力系数 C_L、俯仰力矩系数 C_m、滚转力矩系数 C_l、侧力系数 C_C、偏航力矩系数 C_n 和压心系数 $\overline{X}_{cp}$:

阻力系数 $\qquad C_D = \dfrac{D}{qS}$

升力系数 $\qquad C_L = \dfrac{L}{qS}$

俯仰力矩系数 $\qquad C_m = \dfrac{M_z}{qSl}$

滚转力矩系数 $\qquad C_l = \dfrac{M_x}{qSd}$

侧力系数 $\qquad C_C = \dfrac{Z}{qS}$

偏航力矩系数 $\qquad C_n = \dfrac{M_y}{qSl}$

压心系数 $\qquad \overline{X}_{cp} = \left(X_G - \dfrac{M_z}{Y} \right) \Big/ l$

式中:q——动压头,且 $q = \dfrac{1}{2}\rho v^2 = \dfrac{1}{2}\gamma p M^2$;

$\quad$ S——模型参考面积;

$\quad$ l——模型参考长度;

$\quad$ d——模型参考直径;

$\quad$ X_G——模型重心。

17.4 实验方法与步骤

(1) 实验前要先启动空气压缩机,将干燥空气压缩至储气罐中。

(2) 选择不同布局形式的模型进行实验(一次只能进行一个模型的实验)。

(3) 将选择的实验模型安装在风洞实验段,测量风洞天平校心距模型底部的距离。

(4) 确定风洞天平工作正常后合上观察窗,检查其他设备是否连接正确以及电源供电是否正常后准备实验。

(5) 读取大气压、温度等参数,由风洞实验指定操作人员启动风洞控制程序和测试程序,并打开风洞监视系统。

(6) 设置模型参数、实验马赫数和攻角等有关参数,读各测试通道零点(即吹风前各通道读数)。

(7) 当气源压力达到 7.5 MPa 时可以正式进行风洞实验;开启紧闭阀后开启快速阀,风洞开始运行(运行过程中应密切注意各设备工作是否正常);当所需流场建立后改变模型姿态,测试不同攻角时的气动力数据;所有攻角测试完毕,关闭快速阀、紧闭阀,实验结束。

(8) 经数据处理得到本次实验数据。

(9) 改变舵偏角,回到步骤(3)进行第二次风洞实验,测试不同舵偏角模型气动数据。

★操作要领与注意事项:① 风洞是大型贵重仪器设备,且压力较高,违反规程操作会发生意外事故,因此所有操作必须在教师指导下方可进行,严禁私自操作和碰触实验设备;② 实验时噪音较大,请同学们集中在控制室,并做好防护工作。

17.5   实验结果与分析

（1）弹箭鸭式布局的特点有哪些？结合本次实验谈谈你的体会与建议。

（2）写出本次实验条件（如实验马赫数等流场参数），根据设计的模型实验数据分别绘制不同实验模型阻力系数、升力系数、俯仰力矩系数和滚转力矩系数随攻角变化的曲线图，并分析不同舵偏角的阻力特性、升力特性、俯仰力矩特性。

（3）超音速风洞流场是如何建立的？并分析超音速流场建立的条件。

（4）设计不同舵片布局形式的模型进行风洞实验，研究舵片不同气动布局的气动性能。

18 彩色纹影流动显示与刀口设计制作实验

18.1 实验目的

(1) 了解纹影仪工作原理,掌握纹影法观察流体流动现象,并分析和研究超音速流场波系构成;

(2) 研究和设计不同彩色刀口,拍摄彩色纹影图像,观察到更多密度梯度变化,以便于对边界条件及流场的探测与分析;

(3) 掌握提高纹影灵敏度和清晰度的方法,以及学会综合运用光学、流体力学知识研究探索飞行器绕流流动情况,提高动手能力,培养创新意识和研究探索精神。

18.2 实验原理

纹影法基本原理详见第 15.3 节。需要指出的是,纹影仪光路中(见图 15.2)有二组成像共轭面相互对应,光源物面对应于刀口像面,测试段中垂直于 x 轴方向的物面对应于屏幕或照相底片的像面。二组共轭面的光线点和面相互对应。

为了便于调试,将光源设置为矩形(设尺寸为 $a_s \times b_s$)。当实验段中超音速流场无扰动时,在反射镜 2 的焦点处将得到尺寸为 $a_0 \times b_0$ 的矩形图像(见图 18.1),其与光源为共轭关系,故有

$$\frac{a_0}{a_s} = \frac{b_0}{b_s} = \frac{f_2}{f_1} \tag{18.1}$$

式中:f_1——反射镜 1 的焦距;

f_2——反射镜 2 的焦距。

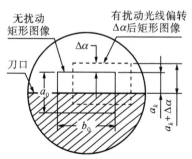

图 18.1 刀口处光源成像示意图

当刀口挡住部分光线时,相当于削弱了光线的强度,在屏幕或照相底片上共轭像的亮度

均匀减弱了。在焦平面上切割光源像时的照度为

$$I_k = \frac{a_k}{a_0} I_0 \qquad (18.2)$$

式中：I_k——有刀口切割时屏幕或照相底片照度；

I_0——无刀口时屏幕或照相底片的照度。

如果实验段中流场密度发生变化，实验段中通过的光线将发生偏转，在刀口处上下移动距离为 $\pm\Delta\alpha$，则屏幕或照相底片的照度为

$$I_a = \frac{a_k \pm \Delta\alpha}{a_k} I_k \qquad (18.3)$$

式中：如果光线在刀口上方，则取"＋"；如果光线在刀口下方，光线被刀口挡住，则取"－"。

从式(18.3)可以发现，实验段中流场密度梯度越大，则光线在刀口处移动的距离越大，因而在屏幕或照相底片的照度变化越大。如果刀口是彩色刀口或利用对白光光源的分光技术，则在屏幕或照相底片上看到彩色纹影图像。

18.3　彩色刀口的设计与制作

由于人眼对彩色的变化比对黑白灰度的变化更敏感，因而彩色图更易于识别，且彩色纹影图中固体模型呈现黑色，气动干扰呈现彩色，便于对边界条件及流场的探测与分析，多色彩时可以观察到更多密度梯度变化。

1）彩色刀口的设计

要使彩色纹影图像清晰度高，白光光源的波长、辐射能量必须与彩色光刀特性相匹配。彩色光刀可以设计为单色滤光片、三色滤光片、四色滤光片、五色滤光片或更多色彩的彩色刀口（见图 18.2）。

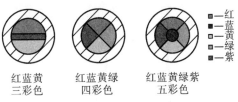

红蓝黄　　红蓝黄绿　　红蓝黄绿紫
三彩色　　四彩色　　　五彩色

■—红
■—蓝
■—黄
■—绿
■—紫

图 18.2　彩色刀口示意图

2）彩色刀口的制作

制作彩色刀口就是用红、蓝、黄、绿等颜色的普通透明彩纸或彩色滤光片制作成图 18.2 所示的彩色刀口来代替光刀，制作方法有剪贴法、照相制版法和彩色玻璃拼接法。用普通透明彩纸或彩色透明涤纶薄膜（切成 0.2～0.5 mm 宽彩条）制作刀口，成本低，效率高，且便于制作不同形状和尺寸的彩色刀口。多彩色刀口可以选用不同色彩组合，如三彩色刀口可以选用红、蓝、绿组合，也可以选用红、绿、黄组合，还可以选用红、蓝、白组合等。选择不同色彩组合主要是便于观测、识别图像。

在制作彩色刀口时应注意以下几点：

（1）刀口的彩条不能太窄，因为太窄会出现衍射现象；

（2）为便于观测、识别，相邻彩条色彩对比度要大，且相邻彩条之间无缝；

（3）选用的彩纸透光率要基本一致。

18.4　提高纹影灵敏度和清晰度的方法

要使纹影图像比较清晰地显示微小密度变化，就必须提高灵敏度。提高实验灵敏度的方法如下：

（1）采用功率较大的光源；

（2）反复调整透镜或反射镜位置，使两面镜之间保持平行光；

（3）刀口2必须准确地调整在反射镜2的焦平面上；

（4）刀口须用酒精擦净除尘，防止刀口处尘粒衍射像的干扰；

（5）矩形光源调的越细，图像鉴别率越高。

18.5　实验操作与结果分析

接通电源，反复调整反射镜及刀口位置，然后把手掌置于实验段处，在成像设备上观察纹影图像。若能够观察到手掌上方热气腾腾的彩色图像，表明实验装置制作与调整正确，可以进行纹影图像的拍摄。

（1）用蜡烛火焰作为实验段中扰动流场，观察与分析火焰燃烧时的温度场分布情况；

（2）启动风洞，观察超音速绕流流场彩色图像，分析波系构成，研究弹箭绕流流场参数。

★操作要领与注意事项：① 先安装半圆形刀口并调整刀口位置，观察到清晰纹影图像之后再更换彩色刀口拍摄彩色纹影；② 每次调试持续时间不能超过 2 min，且必须等待至少 5 min 才能继续调试，否则光源灯丝会因持续时间太长而烧毁。

19 风洞模型设计与制作实验

19.1 实验目的

(1) 了解风洞模型设计的基本要求；

(2) 掌握三维 CAD 软件 SolidWorks 基本操作、设计方法与技巧，要求运用 SolidWorks 设计风洞三维模型，并利用三维模型直接生成工程图；

(3) 按照工程图制作加工实验模型。

19.2 风洞模型设计要求

1) 模型外形与实物几何相似

为了保证气流流过模型的流场与实物的流场相似，根据相似理论，模型的尺寸可按一定的缩尺比缩小，从而保证其外形与实物几何相似。

2) 模型有合适的几何尺寸

为了使模型实验 Re 数尽量与飞行器飞行 Re 数接近，要求模型有较大尺寸，但由于模型尺寸风洞实验段边界的限制，不能超过一定的范围。限制弹箭模型尺寸的主要参数是模型堵塞度 $\varepsilon(\varepsilon = A_M/A_T$，其中 A_M 为模型最大横截面面积，A_T 为风洞实验段横截面面积)。另外，模型在风洞中的位置以位于实验段流场均匀区为原则。对于超音速风洞，模型长度受模型头部激波在实验段壁上的反射波不能打在模型上这一条件的限制，可用下式来确定：

$$L \leqslant 0.7H\sqrt{M^2-1} \tag{19.1}$$

式中：H——实验段高度；

M——马赫数。

3) 模型有足够的强度和刚度

模型刚度指模型在风洞中气动载荷作用下产生弹性变形的程度。理想的模型材料应具有高强度、高抗疲劳极限、高弹性模数、抗腐蚀、密度小及易加工成形等性能。常用的模型材料有木材、复合材料、铝合金、碳钢、高强度合金钢等。

4) 模型结构简单且安装拆卸方便

风洞实验模型的形式和结构是由风洞形式和所做实验的类型所确定的。模型结构应尽量简单，减少配合面，可更换部件应易于安装和拆卸，模型各连接处应连接牢固。如测力实验要考虑天平的安装，模型与天平及尾支杆之间要有足够的间隙，以免吹风实验时相碰；测压实验要考虑测压孔对绕模型流场的影响最小,测压管路气密性和通气性要好。

5)模型有满意的加工精度和表面粗糙度

19.3 模型设计方法与步骤

了解 SolidWorks 的功能特点,掌握其基本操作之后按以下步骤设计风洞模型。

1)绘制草图

SolidWorks 三维 CAD 软件是基于实体特征的建模系统,但特征需要通过二维草图产生,草图是建立实体特征的基础。SolidWorks 的草图绘制采用与 AutoCAD 不同的策略,只需要绘制出尺度大致相当、几何形状基本一致的图形,然后标注合适的尺寸、增加几何约束关系即可完成图形的精确设定。

2)特征建模

在 SolidWorks 中,特征建模包括拉伸、旋转、扫描、放样、拔模、钻孔等。

3)装配

根据风洞模型结构简单且安装拆卸方便的要求将要设计的模型分成若干零件,按照步骤1)和2)绘制各零件三维图并保存。所有零件设计完毕后,将零件导入装配体环境,并将其安装到正确的位置就是零件装配。先选择一个初始的固定零件作为其他零件的参照,然后依次插入其他零件并依零件之间的几何约束关系进行配合,完成模型的装配。注意检查各零件配合是否合理、正确,如果配合不正确或不合理,应对相关零件进行修改后重新建模。

4)绘制工程图

工程图的主要功能在于整合产品(本实验中指模型)的信息,并采用平面图纸进行展示。SolidWorks 三维 CAD 软件将产品工程图分为两个功能层次,即工程视图和出详图。工程视图部分采用标准三视图、局部视图、剖视图等多种视图来描述产品的结构信息和装配关系;出详图就是工程图标注,负责描述产品的工程信息,如尺寸公差、形位公差、表面粗糙度等。应根据前三个步骤绘制的零件和装配体绘制风洞模型的工程图。

★操作要领与注意事项:① 模型尺寸应符合风洞模型设计要求;② 模型重心应接近天平校心;③ 模型应便于在天平上安装,固定后模型与天平及支杆间隙 2 mm 以上,同时天平元件不能暴露在外。

19.4 实验内容

设计并加工某炮弹风洞实验模型,其外形及三维图如图 19.1 和图 19.2 所示。该弹实物弹径为 84 mm,弹长为 480 mm。按 1:2 将实弹缩小后,模型尺寸为弹径 42 mm,弹长

240 mm,重心位置距头部 120 mm。天平示意图如图 19.3 所示。

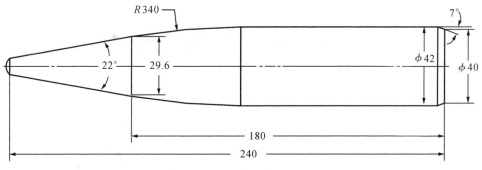

图 19.1 模型外形图

图 19.2 三维模型图

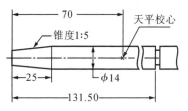

图 19.3 天平示意图

天平锥面前端有 M6 螺纹孔。要求模型与天平锥面配合后,模型与天平及支杆间隙在 2 mm 以上,模型重心与天平校心重合或接近。

19.5 实验操作与要求

(1) 按照风洞模型设计要求选择缩尺比,确定模型尺寸;

(2) 绘制全弹模型三维图;

(3) 绘制弹头模型三维图及工程图;

(4) 绘制弹身模型三维图及工程图;

(5) 绘制装配图;

(6) 加工实验模型。

要求提交电子版或纸质材料及实物模型。

20 流场速度和湍流度测量实验

20.1 实验目的

(1) 了解热线风速仪的使用；

(2) 理解流体质点速度的脉动特性和湍流度的物理含义；

(3) 掌握来流速度和湍流信号的数据分析方法；

(4) 实现用热线风速仪测量低速风洞测试段内来流方向气流速度和湍流度。

20.2 实验原理

热线风速仪测速自 20 世纪 50 年代推出商用以来，已经逐渐发展成为湍流研究中不可或缺的实验方法，热线风速仪更是目前流体力学基础研究领域和工程领域获取流动湍流特性的主流工具。热线测速法相较于粒子图像测速、多普勒测速等方法，具有频响高、输出信号连续完整、空间分辨率高等优点。热线风速仪是将流速信号转变为电信号的一种测速仪器，也可测量流体温度和密度。其原理是将一根通电加热的细金属丝（又称热线）置于气流中，热线在气流中的散热量与流速有关，散热量又导致热线温度变化而引起电阻变化，流速信号即转变成电信号。热线风速仪测速原理如图 20.1 所示。

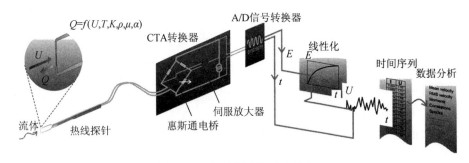

图 20.1 热线风速仪测速原理

热线风速仪有两种类型，一种是恒流式，运行时始终保持通过热线的电流不变，具有高频响的优点，但是其热量输出随着速度的降低而减小，探头有烧毁的风险；另一种是恒温式，始终保持热线的温度不变，即通过伺服放大器使传感器电阻保持不变，其优点是易于使用、高频响、低噪音，缺点是电路非常复杂。由于恒温式是目前被广泛采用的热线风速仪标准，本实验所采用的 Dantec StreamLine Pro 便是典型的恒温热线风速仪，其恒温电路如图 20.2 所示。

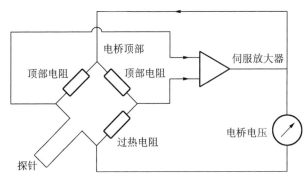

图 20.2　恒温式热线风速仪测速电路

采用热线风速仪对来流速度进行测量,根据速度脉动求解湍流度的公式为

$$I = \frac{\sqrt{\dfrac{1}{N}\sum\limits_{i=1}^{N}(v_i - \bar{v})^2}}{\bar{v}} \times 100\% \qquad (20.1)$$

式中:I——湍流度;

　　　N——测量的速度点数;

　　　v_i——第 i 点速度;

　　　$\bar{v}$——平均速度,即 $\bar{v} = (v_1 + v_2 + \cdots + v_N)/N$。

20.3　实验装置

本实验装置由低速风洞和热线风速仪系统构成,其中热线风速仪系统构成如图 20.3 所示。热线风速仪的测速原理决定了环境温度对测量数据影响非常大,因此热线测速实验之前一般都要求对系统进行实时标定,所以标定器也是热线风速仪系统的标准组成部件。

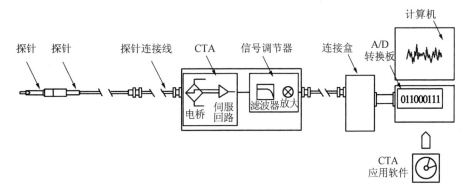

图 20.3　热线风速仪系统构成

热线探针是热线风速仪的核心元件,由合金热线和陶瓷支杆组成(如图 20.4 所示)。热线可采用钨、铂、铂铱合金和镍等材料制作,线径一般为 2.5～5 μm,长度一般为 100～600 倍线径。本实验中用到的微型热线探针,其直径为 5 μm,长度为 1.25 mm。

(1) 一维探针　　　　(2) 二维探针　　　　(3) 三维探针

图 20.4　微型热线探针

20.4　实验方法与步骤

1) 标定实验

首先进行热线风速仪的标定实验。

(1) 连接储气罐、调压阀与标定器,标定器上方为出风口。

(2) 连接输出线路:标定器主机后方 TEM 接口输出温度信息,与接线板(A/D 板)A0 接口连接;1,2,3 接口对应 Pro 输入接口的 1,2,3,通过数据线连接到 A/D 板 A1,A2,A3 上;A/D 板通过插口线连接电脑主机(使用前将对应硬件模块安装到电脑主机内)。

(3) 连接探头与支杆,将探头固定在吹风口吹风平面内。二维速度探头要注意支杆和探头上有":"和" ."符号,表示两对探针,要一一对应。安装时":"朝外为正方向。插入软件加密狗激活程序,开始标定实验。

(4) 新建文件"New Database",左侧显示 Database,右侧为指令导航,每完成一个指令会打勾,确保每个指令按步骤完成。依次选择探头型号(如 55P61)、支杆型号(如长直杆)、数据线型号(如 4m 线)。

(5) 选择速度探头 55P61,点击右侧指令按钮"Velocity Calibration"设置最小速度与最大速度。设置测试的间隔点,曲线拟合方式(一般选择对数分布)确定速度配置,开始标定范围内风速与电压对应关系。

(6) 标定结束后可得到如图 20.5 所示标定曲线,保存文件即可留作后续测量调用。

2) 测量工作

将热线探针安装至低速风洞测试段(测试段尺寸为 700 mm×700 mm×1200 mm),调整风速至需要观测的速度点附近,稳定运行 3 min 左右,预热热线风速仪,待流场稳定后开始测量工作。

(1) 在主机上插入加密狗,打开桌面上 StreamWare Pro v6 软件。

(2) 点击"Open Database",打开之前标定的文件,加载。

（3）将探针由 Temp（温度探针）换成测量探针 55P61，然后开启风洞，右侧导引框"Run Online"显示可进行实时速度测量；点击"Run Online"旁边的"Run Measurement"，进行采集设置。

（4）点击"Setup"选项，再点击"A/D 模块"设置采集频率和采集个数。可设置采集频率为 10 kHz，数据点数为 1000，在 0.1 s 内采集完毕。采集结束后，右侧列表出现"Raw Data"为采集到的数据；双击"Data"进入新窗口，点击"Options"选择需要查看的数据组，确定后加载。

（5）在列表中选中"Conversion Setup"，双击弹出标定设置，点击探头标签，然后勾选"u′""v′""u′|UV""v′|UV"，再点击"OK"，保存设置。建立新的标定器设置，并设置新配置为默认。选择"Raw Data"，右击选择"Reduce"，再点击右边生成的"Reduced Data"文件，查看当前测点的速度和湍流度。

（6）依次移动热线支架，重复上述步骤即可得到流场不同位置处的速度分布和湍流度。

★**操作要领与注意事项**：① 安装和拆卸热线探针时，一定要注意用手指轻轻捏紧陶瓷支杆与不锈钢探针支架进行安装和拆卸配合，切忌用力过猛而使热线折断；② 探针不可触碰；③ 风洞运行必须在教师指导下进行。

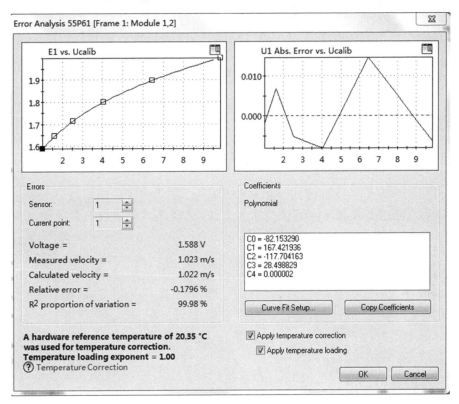

图 20.5　速度标定曲线

20.5 实验数据处理与分析

(1)导出数据,整理后可得到不同测点处的时均速度和湍流度(如图20.6所示)。

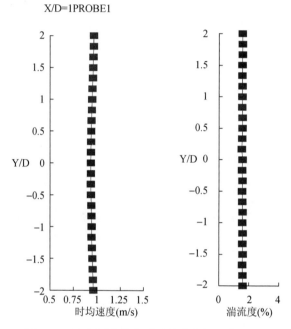

图20.6 流场测点的典型时均速度场和湍流度分布

(2)对数据进行分析并撰写实验报告。

(3)阐述气流速度和湍流度测试技术与方法,比较热线风速仪与其他测试仪器的优缺点。

21 粒子图像测速与流动显示实验

21.1 实验目的

(1) 拓展现有本科工程流体力学实验教学的范围;

(2) 使学生了解和接触先进的流体力学实验方法,更好的理解和探索流动力学的奥妙。

21.2 实验原理

粒子图像测速(PIV)技术是目前流场测量的主流方法之一,相对于传统接触式单点测量方法(如皮托管、热线等),粒子图像测速技术可以采取非接触、无干扰的方式获得瞬间、全场的流动信息。粒子图像测速,顾名思义就是在流场中散布与待测流体密度相当的示踪粒子,采用脉冲激光片光源照射待测场区域,通过一定曝光时间间隔内连续两次或多次曝光的方式将粒子的图像记录在 CCD 相机上,随后通过对多帧记载有示踪粒子位置的图片进行处理,用图像分析技术得到各点粒子的位移,由此位移和曝光的时间间隔便可得到流场中各点的流速矢量,并可以进一步处理得到流场速度矢量图、流线分布图、涡量分布图等,以实现流场的测量和显示。其整个系统工作原理如图 21.1 所示。

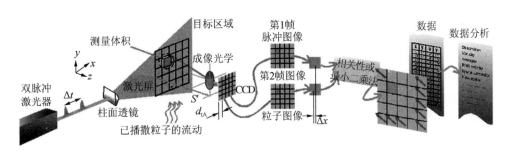

图 21.1 PIV 系统工作原理示意图

根据测量的速度分量和流场范围可以将目前常用的 PIV 系统分为三类:

(1) 2D2C 系统,测量一个平面内的两个速度分量,一般一台常规 CCD 相机即可;

(2) 2D3C 系统,一般采用两台常规 CCD 相机,可针对测量平面得到三个速度分量,包括一个平面内的两个速度分量和平面法向的第三个速度分量;

(3) 3D3C 系统,可测量一定三维空间区域流动的三个速度分量,实现真正意义上的全场三维流动显示,一般需要 3~6 台 CCD 相机配合记录粒子的运动状况。

设 CCD 相机记录的粒子图像两帧时间间隔为 $\Delta t = t_2 - t_1$,对于代表当地速度的单个示踪粒子,其位置变化如图 21.2 所示。

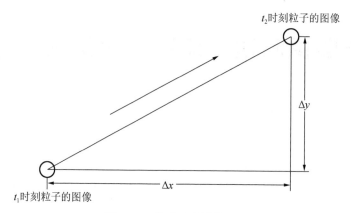

t_2时刻粒子的图像

Δy

Δx

t_1时刻粒子的图像

图 21.2　粒子速度计算原理

当 Δt 足够小时,可得到 t_1 时刻的速度如下:

$$\begin{cases} v_x = \lim\limits_{t_2 \to t_1} \dfrac{x_2 - x_1}{t_2 - t_1}, \\[2mm] v_y = \lim\limits_{t_2 \to t_1} \dfrac{y_2 - y_1}{t_2 - t_1}, \\[2mm] v_z = \lim\limits_{t_2 \to t_1} \dfrac{z_2 - z_1}{t_2 - t_1} \end{cases} \tag{21.1}$$

式中:x, y, z 表示示踪粒子的空间位置。

对于 2D2C 系统,只需考虑 x 和 y 分离即可。

21.3　实验装置

本实验采用的是 2D2C PIV 系统,实验装置示意图如图 21.3 所示。整个实验系统包括脉冲激光器、CCD 相机(可用高速相机替代)、同步器、计算机及连接线,此外还包括提供稳定流场的低湍流度循环水洞(测试段为 0.4 m×0.5 m×1.3 m)。

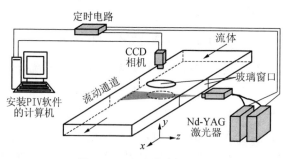

定时电路

CCD
相机

流体

流动通道

玻璃窗口

安装PIV软件
的计算机

Nd-YAG
激光器

y

z

x

图 21.3　实验装置及组成

21.4　实验方法与步骤

1) 二维视场标定

(1) 盖上相机盖(一定要盖上),打开激光器,用片光找到要测量的平面;

(2) 在片光平面中放入一把尺子,关闭激光,打开相机盖;

(3) 运行 Dynamic Studio 软件,新建一个 Database 并切换到采集模式,运用"Free Run"模式来调焦,使相机尽可能清楚地拍到尺子(此时相机不用滤光镜);

(4) 选择"单帧"拍摄模式,采集图片数输入"1",点击"Acquire"采集图片(此时激光器可以用内触发,用自然光拍摄,也可以用外触发,但相机要加上滤光片),再切换到"Acquired Data"栏,点击"Save for Calibration",把数据存为标定数据;

(5) 采集并存储完成后,切换到分析模式,在所得图片上点击右键,选择"Measure Scale Factor",把图片中的 A 和 B 分别拖到两个刻度上,再选择"Absolute Distance",输入 A 到 B 的距离,最后点击"OK"。

2) 拍摄粒子图像

(1) 取下标定板,整理风洞实验段,保证实验段无工具和材料遗漏,然后关闭风洞实验段。安装 CCD 相机的滤光镜,安装过程中严禁改变相机的位置。

(2) 打开风洞,稳定后开启压缩气源,撒播示踪粒子,关闭外部光源。

(3) 点击"Device"分目录的"Recording",勾选相机"Camera 1",选择"double double (T1A+T1B)"双帧双曝光模式。

(4) 激光器置于"On"状态,点击"Take",抓拍一幅粒子图像对。点击粒子图像下的滑标可以在两张粒子图像之间来回切换,以此观察两个时刻粒子图像的清晰程度和激光光强。一对粒子图像之间的照片亮度应相当,可将鼠标放在粒子抓拍图像上,右下角的状态栏可以显示鼠标所在位置的光强,由此判断激光强度是否满足要求。一般要求粒子图像的亮度等级在 300 以上。反复调整激光的强度,直到粒子图像清晰度和亮度都满足以上要求。

(5) 调整"dt":需要对粒子图像对之间的时间间隔 dt 进行调整,可点击任务栏"Device"→"Recording"→"Timing"→…,输入合适的 dt,然后回车。dt 的大小可以点击菜单栏上的"Help"→"dt Calculator"进行试算。抓拍一对粒子图像,通过滑标进行迅速切换,观察粒子的位移是否合适,反复调整 dt 直到粒子的位移达到要求。选择相应的"Recording Rate"(最大 10 Hz)。

(6) 观察粒子图像对的相关性:将鼠标移至任一粒子图像上,点击右键,选择"Send to"→"Correlation Map"→…,进入粒子图像相关函数图界面;再把鼠标移至右下角的互相关函数图上,点击右键,选择"3D-View"。相关函数的单峰值越明显,表明粒子图像的相关性越好,若满足要求,说明步骤(4)和(5)的调整已到位。

(7) 点击"Setings"→"Aquisit"→…,输入总样本数,软件自动根据已设好的"Recording

Rate"生成采样时间。

（8）点击"Start Recording"。

3）粒子图像对的计算

（1）在"Davis：PIV Project"界面选中要处理的粒子图像文件，点击工具栏上的"Batch"。

（2）进入"Batch Processing"界面，在"Operation List"的树状表中添加或删减要计算的项目（点击树状表的空白项目时，可以从右侧的"Operation 2"下的"Group"下拉菜单中选择需要进行计算的项目，如"computation of velocity field"）；然后在相应的计算项目下设定好预处理、计算参数、后处理等参数，便可以点击"Start Processing"进行计算，计算完毕即得相应的计算结果。

4）导出数据

粒子图像处理完毕后，在"PIV Project"界面下，原先的粒子图像文件下会出现相应计算项目的子目录，选中该子目录，点击工具栏的"Export"，进入"Davis：Export"界面，选定导出的格式、范围、文件名、存储路径等，最终完成数据导出。

★**操作要领与注意事项**：① 激光运行过程中严禁直视激光器；② 风洞运行时严格按照操作规程进行。

21.5　实验数据处理与分析

（1）在速度场后处理软件（如 Tecplot）中处理瞬时速度矢量场、时均速度矢量场，并分别给出 x 方向和 y 方向的速度等势图。

（2）在速度矢量场的基础上画出流线图和涡量等势图。

（3）图 21.4 所示为某圆柱绕流 PIV 后处理结果,结合所得速度矢量场、流线图、涡量等势图等对该圆柱绕流场的特性进行分析。

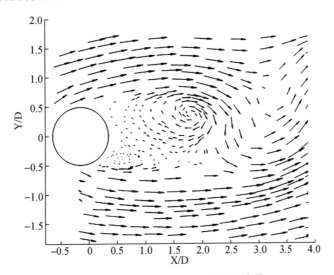

图 21.4　某圆柱绕流 PIV 后处理结果

22　风洞天平校正系统设计实验

22.1　实验项目概述

　　风洞天平是弹箭气动力测试专用精密仪器,风洞测力实验前必须标定,得到天平公式。因此,风洞天平校正非常重要。可通过软件编程,在天平校正架上实现风洞天平 6 个分量的数据采集与处理,并对数据进行显示、打印,得到风洞天平校准公式,从而实现风洞天平静校,为弹箭风洞实验提供风洞天平校准系数。

22.2　实验设计要求

　　(1) 设计一套天平校正数据采集系统,实现自动采集数据、显示数据,计算各分量主项系数及干扰项系数,保存并打印原始数据及结果;
　　(2) 可实现天平单元校和综合校;
　　(3) 可设置相关参数,任意选择校正单元。

23　飞行器气动设计实验

23.1　实验项目概述

飞行器气动外形设计是一项重要工作,设计时首先要知道飞行器,特别是升力面上的空气动力特性。目前风洞依然是测定飞行器气动力及其参数的基本手段。利用风洞实验室低速和高速风洞实验平台可开展飞行器气动外形设计工作。南京理工大学三座风洞具体参数如下:HG-1低速风洞,速度可达60 m/s,实验段口径为700 mm×700 mm;HG-3自由射流高速风洞,马赫数范围为0.5~3.0,喷管出口口径为200 mm左右;HG-4亚跨超音速风洞,马赫数范围为0.5~4.5,实验段口径为300 mm×300 mm。同时,实验室拥有完整配套的流体力学实验教学设备(如热线风速仪、PIV仪等),可进行飞行器气动力测量、气动载荷作用下制导弹箭张舵功能检测等模拟实验。本项目主要通过设计飞行器气动外形,进行风洞实验与数值计算确定飞行器外形结构。

23.2　实验设计要求

(1)可以自主选择一种飞行器进行气动外形设计,如(制导)弹箭、飞机等,飞行速度可以是低速或高速;

(2)飞行器气动设计要求目的明确,通过风洞实验与数值计算达到气动外形设计要求,比如飞行阻力小、升力高、飞行稳定性和操纵性好等。

参考文献

[1] 刘翠容. 工程流体力学实验指导与报告[M]. 成都:西南交通大学出版社,2011.

[2] 倪玲英,李成华. 工程流体力学实验指导书[M]. 东营:中国石油大学出版社,2009.

[3] 闻建龙. 流体力学实验[M]. 镇江:江苏大学出版社,2010.

[4] 毛根海. 工程流体力学实验指导书与报告[Z]. 杭州:浙江大学水利实验室内部资料,2006.

[5] 范洁川,等. 流动显示与测量[M]. 北京:机械工业出版社,1997.

[6] 吴双群,赵丹平. 风力机空气动力学[M]. 北京:北京大学出版社,2011.

[7] 陈进,汪泉. 风力机翼型及叶片优化设计理论[M]. 北京:科学出版社,2013.